U0779150

技术秘密及专利知识问答

（第五版）

齐敬思　著

石油工业出版社

内 容 提 要

本书采用问答的形式，系统、全面、深入浅出地介绍了技术秘密和专利的基础知识及专利申请、专利审查、专利代理、专利权保护和专利诉讼方面的相关知识，具有较强的可读性。本书作者结合长期工作实际，注意知识积累和创新，是一位国家资深知识产权专家，多次在国家高层论坛发表讲演。本书对企业科研人员、管理人员以及社会广大读者均有阅读价值。

图书在版编目（CIP）数据

技术秘密及专利知识问答／齐敬思著．—5版．
北京：石油工业出版社，2017.7
ISBN 978-7-5183-2019-6

Ⅰ．①技… Ⅱ．①齐… Ⅲ．①专利－问题解答
Ⅳ．① G306-44

中国版本图书馆 CIP 数据核字（2017）第 172760 号

出版发行：石油工业出版社
　　　　　（北京安定门外安华里 2 区 1 号　100011）
　　　　　网　址：http://www.petropub.com
　　　　　编辑部：(010) 64523544
　　　　　图书营销中心：(010) 64523633
经　　销：全国新华书店
印　　刷：北京中石油彩色印刷有限责任公司

2017 年 7 月第 5 版　2017 年 7 月第 9 次印刷
850×1168 毫米　开本：1/32　印张：7.125
字数：130 千字　印数：19001—22000

定价：32.00 元
（如出现印装质量问题，我社图书营销中心负责调换）
版权所有，翻印必究

第五版序言

随着知识产权经济时代的到来，实施创新驱动发展战略、推动经济转型升级已成为国家战略和经济体制改革的目标，创新日益成为企业发展的源泉和动力，加快落实知识产权强国战略也将成为我国经济新常态下的必然选择，专利信息和技术秘密在原始创新、集成创新、技术引进、技术升级、产业转型、人才引进乃至开拓海外市场中，均发挥着独有的、重要的指引性作用。随着技术创新广度和频度的不断增加，如何对企业技术秘密和专利进行科学合理运用，并有效保护创新成果，成为科技工作者不可回避的重要问题。

齐敬思教授级高级工程师长期从事国有企业科技管理工作，对于技术秘密及专利的管理颇有研究，而且有丰富的实践经验。《技术秘密及专利知识问答》一书，是他根据国家在知识产权保护方面的政策法规，以及多年在技术秘密及专利管理工作实践经验的基础上形成的，书中涉及技术秘密和专利管理的各个关键环节，并对相关基础知识及这些知识的应用进行了深入浅出的论述。值得一提的是，本书采用问答的形式，方便读者抓住关键内容，并有助于读者更加有针对性地对所需内容进行理解和掌握。

为了适应新形势的发展需要，作者对该书进行了认真的完善和精心的增补。《技术秘密及专利知识问答（第五版）》从基础知识、技术秘密、专利申请、专利审查、专利代理、专利权保护、技术秘密及专利诉讼等几个方面进行了全面阐述，基本包含了企业技术秘密和专利管理工作中各类业务和各个环节中的主要流程、操作要点、制度规范等，具有很强的可读性。

衷心希望《技术秘密及专利知识问答（第五版）》的出版能够增进企业科技工作者及社会广大读者对技术秘密和专利相关知识的了解，解开知识产权管理工作中的困惑，提升知识产权管理人员的理论和实践水平，促进我国知识产权的保护和应用，使科技创新成为国民经济发展的新引擎，推动创新型国家的建设。

值此《技术秘密及专利知识问答（第五版）》一书出版之际，谨表衷心祝贺！

2017 年 3 月 23 日

第四版序言

以习近平同志为总书记的党中央高度重视科技创新，将其摆在国家发展全局核心位置。"科技是国家强盛之基，创新是民族进步之魂""科技兴则国家兴，科技强则国家强"等科学论断，指明了科技创新的方向，赋予科技工作者崇高使命。实施创新驱动发展战略，建设创新型国家，为实现两个一百年❶奋斗目标提供强大科技支撑，是时代赋予广大科技工作者的历史使命。

有效地保护科技创新成果，是促进创新成果转化为现实生产力的关键环节。技术秘密与专利在科技创新活动中居于重要的地位，有效运用技术秘密与专利，对于有效保护科技创新成果具有重要作用。技术秘密是在生产或经营活动中已经使用过的、不享有专门法律保护的、具有秘密性质的技术知识和经验。专利是指一项发明创造向国家审批机关提出专利申请，经依法审查合格后向专利申请人授予的法定时间内对该项发明创造享有

---

❶ "中国梦"的"两个一百年"分别是：第一个一百年，到中国共产党成立100年时全面建成小康社会的目标一定能实现；第二个一百年，到新中国成立100年时中华民族伟大复兴的梦想一定能实现。

的专有权。技术秘密与专利都是人类创造性思维活动的成果，但技术秘密与专利也存在较大的差异。突出体现在，专利是受到国家专利法保护的发明创造，其技术方案是公开的，是在公开基础上进行法律保护的。而技术秘密不受专利法保护，其技术内容是保密的，完全依靠保密来加以保护，一旦公开，法律就不再给予保护。如何科学地运用技术秘密与专利，怎样有效地保护科技创新成果，是摆在广大科技工作者面前的一个问题。

齐敬思教授长期从事国有企业科技管理工作，对于技术秘密与专利工作，既有丰富的实践经验，又有很高的理论素养。齐敬思教授所著的《技术秘密及专利知识问答》一书，以全新的视角，采用问答的形式，深入浅出地介绍了技术秘密及专利的相关知识。该书语言朴实简洁，问题表述准确，讲解通俗易懂。该书自出版发行以来，深受广大科技工作者的欢迎，发行量达 16000 多册。

为适应形势发展需要，齐敬思教授对该书进行认真完善、精心增补，目前《技术秘密及专利知识问答（第四版)》已经付梓，即将与广大读者见面。作为一名在知识产权领域工作了几十年的老同志，对于该书的出版发行，我感到十分高兴，表示衷心的祝贺。

《技术秘密及专利知识问答（第四版）》全书从基础知识、技术秘密、专利申请、专利审查、专利代理、专利权保护、技术秘密及专利诉讼等七个方面，较为科学系统地阐述了技术秘密与专利的特点和区别，内容既有对党和国家新近出台方针、政策的解读，又有作者最新的研究成果，具有较强的可读性。我相信，该书的出版发行，必将有利于增进科技工作者以及社会广大读者对技术秘密与专利相关知识的了解，对于提升我国科技创新成果的保护水平发挥积极作用。

2014 年 9 月 5 日

第三版序言

世界知识产权组织（WIPO）发布的《2012 年全球知识产权指标报告》中指出，中国 2011 年的专利申请量已超过美国，跃居世界第一。但 2011 年我国科技进步对经济增长的贡献率约为 40%，与美、日、芬兰等国的 70% 相比，尚有较大的差距。我国专利的商品转化率也相对偏低。这些数据表明，我国目前的整体科技发展水平虽处于发展中国家的前列，部分科研领域，如航天、核能技术应用等，已经达到国际先进水平，科技发展进入一个重要跃升期，但是必须清醒地看到，我国由科技大国迈向科技强国还有一段相当的路程。

我国的专利法自 1985 年颁布实施已近 30 年，但部分科技工作者及研究人员对专利知识的了解尚嫌不足，至于技术秘密，了解其内涵、价值及重要性的人则更少一些。因此，加强技术秘密、专利知识的普及和培训工作是我国知识产权领域长期的任务。

中国石油天然气集团公司的齐敬思同志长期从事科技管理与知识产权工作，对于技术秘密和专利知识有比较全面深入的了解。他结合自己的工作实践，撰写的

《技术秘密及专利知识问答》一书，采用问答形式，把各类问题梳理、分类，深入浅出地予以分析、解答。该书在不到 5 年的时间内已两次再版、6 次印刷，发行量达 14000 册，深受广大科技工作者和读者的欢迎。

根据专家、学者的建议和广大读者的意见，经齐敬思同志近一年时间精心增补的《技术秘密及专利知识问答（第三版）》即将与广大读者见面，对于我国知识产权界来说，这是一件很有意义的事情，对本书经修改增补后第三次再版表示衷心的祝贺。

2013 年 9 月 9 日

第二版序言

中国加入 WTO 已经十余载，国人对知识产权的认识越来越清晰，对保护知识产权的要求也越来越强烈。

目前，由金融危机引发的世界性经济衰退给中国经济的稳定快速增长带来了极大挑战。中国经济必须尽快转型，由"中国制造"向"中国创造"的转变迫在眉睫。这就要求我们在科学技术上必须要不断地有所发现、有所发明、有所创造。这一切都会涉及许多技术保密和技术专利保护的问题。

2008 年，齐敬思同志以其几十年在石油科技管理工作中的学习心得与工作经验积累，精心撰写了《技术秘密及专利知识问答》一书，受到了读者的欢迎。适逢当前的经济形势，此书要修订再版了，我认为这是一件合时宜的好事。

《技术秘密及专利知识问答（第二版）》一书从多个方面，以问答的形式，向读者详细阐述、普及了有关技术秘密、知识产权和专利保护等方面的基本知识，讲述了认定技术秘密、申请专利的必要性，申报专利的流程以及专利授权前后对核心技术的保密等问题。该书的语言朴实简洁，问题表述精准，讲解通俗易懂，确是一本非常实用的书。我相信经过修订的《技术秘密及专利知识问答》，对加强专利申请、知识产权保护等方面的工作一定能起到积极的作用。

值此《技术秘密及专利知识问答》一书再版之际，谨致以我衷心的祝贺。

2012 年 7 月

第一版序言

21世纪是知识经济时代，它的特征是以科技竞争为中心。科技竞争首先表现为抢先开发并取得高新技术所有权的竞争，也就是专利竞争。拥有专利数量的多少和质量的高低，在很大程度上决定了一个企业的竞争力，而拥有专利竞争力企业的多少，又决定了一个国家在全球综合国力竞争中的地位。因此，为了确保本企业乃至本国经济和科技在全球竞争中的优势地位，各国都纷纷加强或调整了自己的专利制度和政策，制订了知识产权保护措施。

我国自改革开放以来，党中央、国务院十分重视专利等知识产权工作。胡锦涛总书记在2006年5月26日中共中央政治局第三十一次集体学习时强调："加强我国知识产权制度建设，大力提高知识产权创造、管理、保护、运用能力，是增强我国自主创新能力、建设创新型国家的迫切需要，是完善社会主义市场经济体制、规范市场秩序和建立诚信社会的迫切需要，是增强我国企业市场竞争力、提高国家核心竞争力的迫切需要，也是扩大对外开放、实现互利共赢的迫切需要。"党的十七大报告指出：要坚持走中国特色自主创新道路，把增强自主创新能力贯彻到现代化建设的各个方面。并首次提出实施知识产权战略。

在加入 WTO 以后，我国企业已置身于更加开放的市场和更为激烈的竞争中。为了能在市场竞争中取胜，就必须研究和运用专利战略以提高企业和国家的竞争实力。近些年来，我们在专利获取方面取得了重大成就，然而，我们目前的专利竞争地位总体上处于劣势，面临着十分严峻的国际市场竞争形势。如果没有一定数量和一定质量的专利技术做后盾，就不可能最终掌握国际竞争的主动权。因此，我们一定要站在"走科学发展道路、建设创新型国家"的高度，充分认识加强专利工作和知识产权保护工作的重要性，提高企业专利意识，确立企业在技术创新中的主体地位。在科技工作中，要组织和动员广大科技人员积极投身于科技实践，提高自主研发能力和水平，选择有限目标，集中精力实现原始性发明并取得专利，增加独占性技术的数量，造就具有自主知识产权的产业。这是我们实施"科教兴国、科技兴企"战略的重要目标之一。

本书作者一直从事知识产权管理工作，平时注重知识的积累与总结，这本书是他多年来管理实践与不断思考的结果。该书分为基础知识、专利申请、专利审查、专利代理、专利权保护、技术秘密及专利诉讼等六个部分，叙述了创新型国家的概念及我国的专利制度等，介绍了专利、商业秘密、技术秘密以及国家知识产权战略等基本概念和主要内容，特别是对如何申请专利、怎样进行专利权保护等给出了详尽的表述。该书的编写方法做到了深入浅出，知识内容通俗易懂，相信一定能够为加强专利工作和知识产权保护发挥积极的作用。

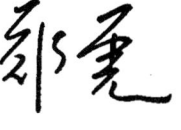

2008 年 6 月

目　录

一、基础知识

1. 习近平总书记对我国科技创新工作提出了哪些
   新要求? ……………………………………… 1

2. 国务院对我国知识产权工作布置了哪些重点工作?
   ……………………………………………… 2

3. 创新型国家的概念是什么? …………………… 2

4. 创新型国家受哪些因素的影响? …………… 4

5. 我国实施专利制度的社会背景及现实意义是什么?
   …………………………………………… 5

6. 为什么真正的核心技术买不来? ………… 9

7. 西方一些发达国家为什么要设立世界专利局?
   ……………………………………………… 10

8. 为什么说发明创造对于经济建设的贡献是巨大的?
   ……………………………………………… 12

9. 为什么说发明创造对于提高我国国际地位的
   贡献是巨大的? ………………………… 13

10. 近年我国知识产权的现状是什么? ………… 13

11. 什么是国家知识产权战略? ………………… 15

12. 什么是科技创新能力? ……………………… 16

13．什么是对外技术依靠指标？ …………………… 17

14．什么是技术的可专利性？ …………………… 17

15．什么是国民人均专利费用？ …………………… 18

16．什么是"每万人口发明专利拥有量"？ ……… 18

17．国家知识产权示范城市的评定指标是什么？ … 18

18．什么是专利授权率？ …………………………… 20

19．什么是专利实施应用率？ …………………… 20

20．什么是专利的"一奖两酬"？ …………………… 21

21．国家知识产权局的职能是什么？ …………… 22

22．《中华人民共和国专利法》进行过几次修正？
………………………………………………… 23

23．《中华人民共和国专利法实施细则》进行过
几次修正？ …………………………………… 24

24．国有企业专利管理工作面临什么问题？ ……… 24

25．截至目前，我国有关专利领域有几部法律？ … 26

26．截至目前，我国有关专利领域有几部行政法规？
………………………………………………… 27

27．截至目前，我国有关专利领域有几部部门规章？
………………………………………………… 27

28．截至目前，我国有关专利领域有几部司法解释？
………………………………………………… 27

29．中国石油天然气集团公司有关知识产权工作的

规章制度有多少个？ …………………… 28

30. 如何用辩证的观点分析和看待专利制度？ ……29

31. 为什么说专利是一种"私权"，能够促进社会
公平、公正？ …………………………… 30

32. 为什么不能一味迷信外国专利？ ……………… 32

33. 中国发明协会的职责是什么？ ……………… 33

34. 知识产权包括哪些内容？ ……………………… 34

35. 西方国家专利制度是如何建立的？ …………… 35

36. 世界上哪些国家或组织专利水平较高？ ……… 36

37. 中国石油知识产权领域经济效益突出的产品
有哪些？ ………………………………… 36

38. 企业知识产权管理的基本制度有哪些？ ……… 37

39. 我国知识产权领域的最高奖励是什么？ ……… 38

40. 世界知识产权领域的最高奖励是什么？ ……… 39

41. 我国哪些高等院校开设了知识产权领域的相关
学科？ …………………………………… 39

42. 什么是"中国专利奖"？ …………………… 40

43. 目前我国有多少个专利代办处？ …………… 40

44. 专利代办处的职责是什么？ ………………… 41

45. 为什么技术人员发表技术论文需要企业领导
批准？ …………………………………… 42

46. 企业如何处理撰写和发表技术论文的矛盾？ … 42

47. 什么是中国知识产权保护状况白皮书？ ……… 43

48. 100 万"明白人"的概念是什么？ ………… 44

49. 屠呦呦教授获奖带来了什么启示？ ………… 45

二、技术秘密

50. 什么是商业秘密？ ………………………… 47

51. 什么是技术秘密？ ………………………… 48

52. 技术秘密的特点是什么？ ………………… 50

53. 技术秘密与专利有什么区别？ …………… 51

54. 企业技术秘密分为几个等级？ …………… 52

55. 企业技术秘密的基础工作是什么？ ……… 52

56. 企业技术秘密应设立的管理机构是什么？ …… 53

57. 企业技术秘密的规章制度主要有什么内容？ … 53

58. 企业认定技术秘密应遵循怎样的程序？ ……… 54

59. 企业技术秘密的奖励和经济兑现标准是什么？

　　………………………………………… 55

60. 企业怎样防止研发中技术秘密的泄露？ ……… 55

61. 企业怎样防止人员流动中技术秘密的泄漏？ … 57

62. 企业怎样与职工签订保密协议？ ………… 58

63. 企业怎样解决技术秘密侵权纠纷？ ……… 61

64. 判定一项科技成果（技术）申请专利或认定
　　技术秘密的标准是什么？ ……………… 63

65. 为什么抽油机智能控制的创新应该认定为

技术秘密？ …………………………………… 63

66．什么是"技术卧底"？ ………………………… 64

67．什么是保密费？ ……………………………… 64

68．为什么高新技术企业不能随便接待参观者？ … 64

69．为什么失窃了没有进行认定的技术秘密
不能立案？ …………………………………… 65

70．技术秘密在企业中处于什么地位？ ………… 66

71．为什么工艺配方可以认定为技术秘密？ ……… 68

72．为什么技术图样可以认定为技术秘密？ ……… 68

73．为什么试验数据可以认定为技术秘密？ ……… 68

74．为什么技术诀窍可以认定为技术秘密？ ……… 70

75．为什么生产过程可以认定为技术秘密？ ……… 70

76．为什么技术情报可以认定为技术秘密？ ……… 72

77．为什么新型复合材料可以认定为技术秘密？ … 73

78．技术秘密同专利的一致性是什么？ ………… 75

79．技术秘密与专利的区别是什么？ …………… 75

80．为什么说技术秘密比专利的保护地域大？ …… 77

81．为什么说技术秘密比专利的实际寿命长？ …… 78

82．为什么说技术秘密具有相容性而专利不具备？
…………………………………………… 79

83．为什么说技术秘密与专利具有同样的法律地位？
…………………………………………… 80

84．为什么不应该对保守技术秘密的人有成见？ ⋯ 80

85．技术秘密认定书的格式是什么？ ⋯⋯⋯⋯⋯ 81

86．技术秘密认定内容是什么？ ⋯⋯⋯⋯⋯⋯ 86

87．认定技术秘密的专家为几人？对专家的具体
要求是什么？ ⋯⋯⋯⋯⋯⋯⋯⋯⋯⋯⋯⋯⋯ 86

88．职工签订的保密协议是否可以替代技术秘密
的认定？ ⋯⋯⋯⋯⋯⋯⋯⋯⋯⋯⋯⋯⋯⋯⋯ 87

89．技术秘密认定专家如何保密？ ⋯⋯⋯⋯⋯ 87

90．为什么准备认定技术秘密的成果不能发表
技术论文？ ⋯⋯⋯⋯⋯⋯⋯⋯⋯⋯⋯⋯⋯⋯ 87

91．什么是现有技术？ ⋯⋯⋯⋯⋯⋯⋯⋯⋯⋯ 88

92．企业的专利一经授权，就被别人模仿和使用
怎么办？ ⋯⋯⋯⋯⋯⋯⋯⋯⋯⋯⋯⋯⋯⋯⋯ 89

93．技术秘密和专利哪一个更重要？ ⋯⋯⋯⋯ 90

三、专利申请

94．什么是专利？ ⋯⋯⋯⋯⋯⋯⋯⋯⋯⋯⋯⋯ 91

95．什么是发明专利？ ⋯⋯⋯⋯⋯⋯⋯⋯⋯⋯ 93

96．什么是实用新型专利？ ⋯⋯⋯⋯⋯⋯⋯⋯ 94

97．什么是外观设计专利？ ⋯⋯⋯⋯⋯⋯⋯⋯ 95

98．怎样判断发明或者实用新型专利的新颖性？ ⋯ 96

99．怎样判断发明或者实用新型专利的创造性？ ⋯ 96

100．怎样判断发明或者实用新型专利的实用性？

.... 98

101. 从 1985 年 4 月 1 日我国实施专利制度以来，
我国国家知识产权局受理了多少件专利申请？

.... 98

102. 从 1985 年 4 月 1 日我国实施专利制度以来，
我国发明专利拥有量有多少件？ 98

103. 申请一件中国专利要花费多少钱？ 99

104. 如何申请外国专利？ 99

105. 什么是国际专利申请（PCT）？ 101

106. PCT 的费用是多少？ 102

107. 什么是分案申请？ 103

108. 什么是外国优先权和本国优先权？ 104

109. 要求外国优先权和本国优先权应提交哪些
文件并办理哪些手续？ 105

110. 要求本国优先权时还应注意什么？ 105

111. 优先权日和申请日有区别吗？ 106

112. 什么是《发明专利申请优先审查管理办法》？

.... 107

113. 申请专利时应向国家知识产权局提交哪些
申请文件？ 108

114. 申请发明专利如要求提前公布应该怎么办？

.... 109

115. 什么是专利年费? …………………… 110

116. 什么是"官费"? …………………… 111

117. 为什么规定专利年费越来越高? ………… 111

118. 我国的专利申请号码代表什么? ………… 112

119. 什么是申请日? 有什么意义? ………… 113

120. 对专利权的保护是自申请日开始吗? …… 114

121. 一些专利为什么未到期就中止? ………… 115

122. 企业如何界定专利的职务发明和非职务发明?

………………………………………… 116

123. 什么是实用新型专利的检索报告? ……… 117

124. 国家在何种情况下可以强制实施专利? … 118

125. 何种情况下专利需要进行评估? ………… 119

126. 专利评估需要注意什么问题? …………… 120

127. 专利评估一般采用什么方法? …………… 120

128. 什么是垃圾专利? ………………………… 121

129. 有争议的技术是否可以申请专利或者认定

技术秘密? ……………………………… 122

130. 为什么违背社会道德和法律的技术不能申请

专利和认定技术秘密? ………………… 122

131. 为什么科技立题前应该进行专利文献检索?

………………………………………… 123

132. 怎样查阅中国专利文献? …… 124

133. 怎样申请保密专利? …………………… 125

134. 同一项技术能否同时申请两种或两种以上的
专利? ………………………………… 126

135. 选择申请发明专利和实用新型专利的区别
是什么? ……………………………… 127

136. 新工艺及其设备是否可以作为一项专利申请?
……………………………………………… 129

137. 计算机软件程序是否可以申请和获得专利?
……………………………………………… 130

138. 什么是智力活动的规则和方法? ………… 131

139. 所有的"好技术"是否都要申请专利? … 132

140. 为什么抽油机外形结构的创新应该申请专利?
……………………………………………… 135

141. 企业知识产权管理人员是否必须是专利
代理人? ……………………………… 136

142. 企业申请的专利是越多越好吗? ………… 137

143. "地雷阵"、"跑马占地"是什么意思? …… 140

144. 中国石油天然气集团公司的企业同外系统单位
合作开发的科技成果,专利权归谁? …… 140

145. 为什么要对本企业持有的有效专利定期进行
清理? ………………………………… 141

146. 什么原因致使我国有效专利实际寿命比较短?

················ 142

147. 为什么准备申请专利的成果不能或者需要推迟发表技术论文？ ········ 143

148. 为什么说科技论文是一个"大炮仗"？··· 144

四、专利审查

149. 发明专利的审查授权过程是什么？ ········ 145

150. 实用新型和外观设计专利的审查授权过程是什么？ ··············· 146

151. 申请发明专利多久才能公布？ ··········· 146

152. 何种情况专利申请不授予专利权？ ········ 147

153. 何种情况发明创造不授予实用新型专利权？

··············· 148

154. 国家知识产权局在同时收到两个以上申请人就同样发明创造申请专利时如何处理？ ··· 149

155. 专利不能授权的原因是什么？ ············ 149

156. 什么是专利权的无效宣告程序？ ·········· 150

157. 什么是专利行政复议？ ················· 150

158. 国家知识产权局受理哪些行政复议申请？··· 151

159. 申请行政复议的必要条件是什么？ ········ 152

160. 什么是专利审查指南？ ················· 153

五、专利代理

161. 什么是专利代理？ ··············· 154

162．申请专利是否必须要委托代理机构？ …… 155

163．申请专利代理的费用是多少？ ………… 155

164．企业选择专利代理机构的标准是什么？ … 155

165．专利代理委托之前应该注意什么？ ……… 159

166．怎样委托专利代理机构办理专利事务？ … 161

167．专利代理人员应具有的素质是什么？ …… 161

168．专利代理工作何时终止？ ………………… 162

169．由于专利代理人的失误而给委托人带来经济
损失应该怎么办？ ………………………… 163

170．专利申请技术交底书如何撰写？ ………… 164

171．企业科技研发人员能否自己撰写专利文件？

………………………………………………… 167

172．全国专利代理违规行为举报投诉热线是什么？

………………………………………………… 167

六、专利权保护

173．专利权人享受什么权利？ ………………… 169

174．涉及专利的纠纷有哪些？ ………………… 170

175．专利权保护与软件著作权保护有什么区别？

………………………………………………… 171

176．假冒他人专利与冒充专利的区别是什么？

………………………………………………… 173

177．在专利申请日以后，专利申请公开（公告）前

制造相同的产品是否侵权？ ………… 175

178. 由于疏忽专利保护，损失最大的技术是什么？

………………………………………… 175

179. 人民法院受理哪些专利纠纷的案件？ …… 176

180. 专利管理机关可以处理哪些专利纠纷？ … 177

181. 专利的使用权转让和所有权转让区别是什么？

………………………………………… 178

182. 转让合同自签字之日到国家知识产权局公告

之日期间是否生效？ ………………… 179

七、技术秘密及专利诉讼

183. 为什么我国专利纠纷和专利诉讼越来越多？

………………………………………… 180

184. 知识产权领域的侵权能否"以罚代刑"？

………………………………………… 182

185. 专利权人发现他人侵犯其专利权应当怎么做？

………………………………………… 183

186. 发明、实用新型专利侵权判定的一般程序

是什么？ ……………………………… 184

187. 发明、实用新型专利侵权判定实务中有哪些

基本判定原则？ ……………………… 185

188. 全面覆盖原则在发明、实用新型专利侵权

判定中如何应用？ …………………… 185

189. 什么是间接侵犯专利权行为? …………… 186

190. 在专利侵权诉讼中,专利侵权抗辩事由
都有哪些? …………………………… 187

191. 在处理专利侵权纠纷时,怎样计算损失
赔偿的金额? ………………………… 187

192. 侵害商业秘密的不正当竞争行为的构成
条件有哪些? ………………………… 188

193. 侵害商业秘密犯罪是指哪些具体情节? … 189

194. 企业如何聘请维护知识产权权益的顾问?
…………………………………………… 190

附件1 专利收费标准国内部分 …………… 192

附件2 PCT专利申请收费标准……………… 195

参考文献……………………………………… 198

后记…………………………………………… 199

一、基础知识

1. 习近平总书记对我国科技创新工作提出了哪些新要求？

答：2016年5月30日是我国科技创新发展历史上一个值得纪念的日子。全国科技创新大会、中国科学院第十八次院士大会和中国工程院第十三次院士大会，中国科学技术协会第九次全国代表大会同时在北京人民大会堂召开。中共中央总书记、国家主席、中央军委主席习近平出席大会并发表重要讲话，强调在我国发展新的起点上，把科技创新摆在更加重要的位置，吹响建设世界科技强国的号角。科技是国之利器，国家赖之以强，企业赖之以赢，人民生活赖之以好。中国要强，中国人民生活要好，必须有强大科技。新时期，新形势，新任务，要求我们在科技创新方面有新理念，新设计，新战略。我国科技事业的发展目标是，到2020年使我国进入创新型国家行列，到2030年使我国进入创新型国家前列，到新中国成立100年时使我国进入世界科技强国。实现中华民族伟大复兴的中国梦，必须坚持走中国特色自主创新道路，加快各领域科技创新，掌握全球科技竞争先机。这是我们提出建设世界科技强国的出发点。

习近平总书记的重要讲话在我国科技界引起强烈反响，广大科技人员认为讲话吹响了建设世界强国的号角，我国迎来了科学技术的又一个春天……

2．国务院对我国知识产权工作布置了哪些重点工作？

答：2016 年 12 月 30 日，国务院发布了《"十三五"国家知识产权保护和运用规划》，明确提出了重点工作：一是完善知识产权法律制度；二是提升知识产权保护水平；三是提高知识产权质量效益；四是加强知识产权强省、强市建设；五是加快知识产权强企建设；六是推动产业升级发展；七是促进知识产权开放合作。

3．创新型国家的概念是什么？

答：2006 年 1 月 9 日，全国科学技术大会提出："本世纪头 20 年，是我国经济社会发展的重要战略机遇期，也是我国科技事业发展的重要战略机遇期。面对汹涌澎湃的世界新科技革命浪潮，我们必须认清形势、坚定信心、抢抓机遇、奋起直追。总体目标是：到 2020 年，使我国的自主创新能力显著增强，科技促进经济社会发展和保障国家安全的能力显著增强，基础科学和前沿技术研究综合实力显著增强，取得一批在世界具有重大影响的科学技术成果，进入创新型国家行列，为全面建设小康社会提供强有力的支撑。"❶这是首次提出创新型国家的概念。

那么，什么是创新型国家？

半个多世纪以来，世界上众多国家都在各自不同的起点上，努力寻求工业化和现代化的道路。一些国家主要依靠自身丰富的自然资源增加国民财富，如中东盛产石油的国家；另一些国家主要依附发达国家的资本、市场和技术，如拉美国家；还有一些国家则不同，它们把科技创新作为基本战略，大幅度提高科技创新能力，形成日益强大的竞争优势，国际学术界把这一类国家称为创新型国家。

目前世界上公认的创新型国家有 20 个左右，包括美国、德国、新加坡、加拿大、挪威、日本、芬兰、韩国等。这些国家的共同特征是：创新综合指数明显高于其他国家，科技进步贡献率在 70% 以上，研发投入占 GDP 的比例一般在 2.5% 以上，对外技术依靠指标一般在 30% 以下。此外，这些国家所获得的三方专利（美国、欧洲和日本授权的专利）数占世界专利总数量的绝大部分，创新产出高，世界上公认的 20 个左右的创新型国家所拥有的发明专利数量占全世界发明专利总数的

---

❶ 胡锦涛：《坚持走中国特色自主创新道路　为建设创新型国家而努力奋斗》，人民日报，2006 年 1 月 10 日要闻版。

99%。目前，我国科技创新能力较弱，根据有关研究报告，2016 年中国科技创新指数在全球 40 个主要国家中排名升至第 18 位，比 2015 年提高 1 位。从 2000 年的第 38 位，到 2016 年的第 18 位，我国国家科技创新指数排名提升显著，现在，我们同排名第 17 位的爱尔兰相比，仅存在 0.01 分的微弱差距，与第一集团的差距也在缩小，提升前景广阔。

4. 创新型国家受哪些因素的影响？

答：建立创新型国家是一项系统工程，受众多因素的影响。这里只能把一些可能入选的因素罗列出来，供读者分析和参考：

（1）国家领导人及该国国民的科技创新意识及逐步形成的体制、机制。

（2）科学家、技术专家、发明家及科技拔尖人才的社会地位和工作、生活环境。

（3）科技图书、科学普及图书的撰写、出版、发行渠道是否畅通及国民人均拥有的数量。

（4）国家受过高等教育、中等教育及技能教育的人口比例。

（5）各类人员接受知识再教育的普及程度。

（6）科技创新经费的投入数量及占国民经济总产值的比例。

（7）高级技术拔尖人才的形成机制。

（8）学习国外先进技术及管理经验的机制与热情。

（9）逐步完善的适合本国国情的知识产权构架体系。

（10）不断吸引全世界各地优秀人才为我所用的政策和体系。

（11）在科技领域、经济体制方面进行创新改革的力度。

（12）在科技领域"石破天惊"的重大发现、发明出现的数量和概率。

（13）"允许失败"、"允许付学费"在原创性技术创新中形成的宽松气氛。

（14）"重奖有突出贡献的科技创新人员"机制的形成和完善。

（15）对科技人员不能"求全责备"，把他们对社会的贡献与他们的性格、思想作风方面的缺点区别开来，形成宽松的社会氛围。

所列内容仅是作者抛砖引玉，随着社会对此问题认识的深化，这一命题会不断丰富和完善。

5. 我国实施专利制度的社会背景及现实意义是什么？

答：1985年4月1日，我国正式实施《中华人民共和国专利法》。这标志着经过30多年的社会主义建设实践，我国高层决策机关审时度势，权衡利弊，冲破阻力，下决心在我国正式开始实施专利制度。人们也许不太清楚，这是经过多年酝酿、论证甚至是激烈争论才做出的决定。

1976年，我国结束了长达10年的"文化大革命"，进入了社会主义现代化建设的新的历史时期。当时我国粮食生产、供应非常紧张，城镇居民实施定量供给。而提高粮食产量必须摆脱我国化肥依赖进口的局面。国务院决定购买数套大型化肥生产制造设备。于是国家有关部门邀请美国、日本以及欧洲一些发达国家的厂商洽谈贸易。但这些先进化肥生产制造设备中有若干部分的结构、设计和技术都在世界各国专利保护的范围内，并且申请了一个国家甚至多个国家的专利。而我国当时是世界上为数不多的几个尚未建立知识产权制度的国家之一，没有相关的专利法律和制度。因此，一旦这些设备进入中国，所附带的所有专利技术将不受任何法律保护。这使专利持有人忧心忡忡，一旦卖给你一台设备，你就可以仿造若干台去销售牟利，去挤占对方市场。因此厂商大幅度提高设备的销售价格，甚至是正常价格的数倍。当年我国同外商就化肥制造设备的谈判异常艰难。外商开始的报价简直是天价，在我国有关方面做出若干承诺和让步后才成交，实际成交价格比当时国际市场的价格高出许多。

这件事情的发生是引起我国有关方面思索和探讨在中国建立和实施专利制度的起因。根据这些情况，从如何能够购买或者能够用较少的钱购买外国先进设备的角度出发，1978 年上半年我国外交部、对外贸易部和对外经济联络部向中共中央专门提交报告，建议我国应该建立和实施专利制度。1978 年 7 月，中共中央批准了这个报告，指出"我国应建立专利制度"。随后，国务院主要领导同志对我国如何建立专利制度先后做出多次具体指示，国家科学技术委员会于 1978 年下半年开始进行专利制度实施的准备工作。国内调查表明：企业、科研单位、技术进出口贸易单位的被调查者，绝大多数希望我国尽快建立专利制度。一些著名科学家如钱学森、中国科学院科学技术部副主任王大珩等均表明积极支持的态度。与此同时，国家科学技术委员会还收集了世界数十个国家的有关资料，对十多个发达国家、发展中国家和社会主义国家的专利制度进行了详细、认真的实地考察。所有的工作得出结论：在我国建立专利制度是改革开放的要求，对促进我国科学技术的发展和经济融入世界将起到关键性作用。于是，有关部门起草的《关于我国建立专利制度的请示报告》于 1979 年 10 月呈送到国务院。该报告于次年 1 月得到批准，中华人民共和国专

· 7 ·

利局正式成立。1985 年 4 月 1 日，中华人民共和国专利局的大门向全世界打开。

当时，全世界已有 158 个国家实施了专利制度，除我国之外的其他社会主义国家均已实施了专利制度。用专利制度保护市场竞争优势，促进科技水平的发展，已经成为世界上绝大多数国家的必然选择。

1982 年 9 月，国务院召开常务会议，专门讨论在我国建立专利制度问题。会议决定：我国应该建立专利制度。并经第五届全国人大五次会议批准的《关于第六个五年计划的报告》中明确提出"要制定和实施专利法"。

1983 年 8 月，经过反复修改的专利法（草案）经国务院常务会议审查通过，并于 9 月 29 日提请全国人大常委会审议。经过六届人大常委会第三次、第四次会议认真审议，终于在 1984 年 3 月 12 日第六届人大常委会第四次全体会议上通过。经历 5 年的时间，一部具有中国特色社会主义性质的新中国第一部专利法——《中华人民共和国专利法》诞生了。

2016 年，中华人民共和国知识产权局共受理发明专利申请 133.9 万件，截至 2016 年 12 月 31 日，中国大陆（不含港澳台）发明专利拥有量达到 110.3 万件。每万人口发明专利拥有量达到 8.0 件。

一、基础知识

6. 为什么真正的核心技术买不来？

答：20 世纪 80 年代开始，我国进入了改革开放新的历史发展时期，在各个领域大量引进发达国家的先进设备和技术，大幅度缩小了同世界先进水平的差距。以石油工业为例，我国石油行业在引进制造技术方面下了很大的气力，如对钻头、钻井泵以及数控地震仪、数控测井仪、整筒泵等数十项关键制造技术的引进。这些技术虽然应用领域不同、价格不同，引进的方式也各式各样，但有一点完全一致，它们都不是当时最先进的技术。同时，技术拥有者还通过控制配方、掌握元器件的产地、制定行业标准规范等手段，掌握和控制这些产品的核心技术。

全世界领先的各个企业（无论其所有制是否相同）都非常珍视其核心技术的所有权。在市场经济条件下，这是占领市场的根本，也是获得经济效益的根本，同时也是企业生存和发展的根本，即使高额的金钱和优厚的条件，也不可能让他们出售核心技术。可以这样理解，任何企业和公司都不会把最先进的技术卖出，培养竞争对手与自己抗衡。如果把正在使用或将要淘汰的技术卖给别人则既可以占领新的市场，又可以赚一笔不菲的收入，实在是"一举两得"。

近十多年来在我国大街上行驶的小汽车，合资企业

·9·

生产的占多数，有德国车、美国车、日本车和法国车及韩国车。但能反映这些外国企业最先进的科技水平的产品却没有，这是为什么？原因很简单，这些新产品要给他们自己获取利润，如果转让给中国，他们就一无所获了。但是过若干年，甚至几年，这些技术已经不再风光无限了，可能就会转让给你，再捞上一把钱。

7. 西方一些发达国家为什么要设立世界专利局？

答：20世纪90年代开始，世界一些发达国家开始在各种会议和其他公开场合极力推动成立世界专利局，想打破国家的界限将专利制度及标准统一起来。为了达到此目的，他们首先建议专利检索统一，然后再逐步过渡到审查统一，最后做到审查结果的统一，即统一授权。

从表面上看，这有点像春秋战国时秦始皇统一度量衡以及道路的宽度，也好像欧盟各国把本国货币统一为"欧元"一样，是一件对全世界各国都有好处的事情。其实不然，世界上大多数国家（包括中国在内）对此提议均持反对态度。

新中国成立60多年来在社会主义建设领域取得了举世瞩目的伟大成就，但我国在科技总体水平方面与西方国家的差距显而易见。我国在一些高科技领域的关键技术上，如高、精、尖产品的制造等方面还依赖国外。甚至一些历史文化遗产，如中草药在国际市场上也并不占优势。由于过去长期战乱，许多中药配方等核心技术流失海外，这些专利技术主要由日本和韩国掌握。在发达国家的一些企业，高素质的知识产权管理人员，他们既懂得本企业的产品特性及世界技术发展趋势，又熟练掌握各种相关法律条款。在企业利益受到侵犯时挺身而出，甚至在出现被侵害的征兆时，就发出预警报告。他们从事技术开发的科技人员，既熟悉本国知识产权的法律法规，对专利文献的检索、查新等技能运用娴熟，又熟练掌握外语，定期与发达国家的技术专家进行学术交流。但是，我国目前达到以上条件和标准的科技人员还比较少。据统计，全世界 80% 以上的尖端技术（包括航天技术、新生物工程技术等）都掌握在以美国为首的几个发达国家手中。因此，他们的各个建议，用中国的一句老话，就是"黄鼠狼给鸡拜年——没安好心"。因此从国家利益出发，我们坚持反对。

其实，近些年来，西方一些国家对于我国的快速发展，包括科技领域日新月异的变化，就是"羡慕、嫉妒、恨"，心里非常不平衡，但是也没有什么好办法，除了以前的人权、汇率及知识产权外，又在边界海疆挑事，唯恐天下不乱，但是到头来只能是搬起石头砸自己

·11·

的脚，没有什么好的下场。

8．为什么说发明创造对于经济建设的贡献是巨大的？

答：我国是"四大发明"的故乡，中华民族不仅勤劳勇敢，而且聪明智慧，有创造性。改革开放后，涌现出一批为我国经济建设做出突出贡献的科学家，下面仅以中国工程院袁隆平院士为例，说明发明创造对我国经济建设的贡献。

这位自称农民的杂交水稻专家，1930 年 9 月生于北平，1953 年于西南农学院农学系毕业之后，就一直从事农业教育及杂交水稻研究。曾任湖南省农科院杂交水稻研究中心主任、中国农学会理事、中国作物学会副理事长、全国科协常委；被聘为农业部杂交水稻技术顾问、国家杂交水稻工程技术中心主任和联合国粮农组织首席顾问。20 世纪 60 年代以来，袁隆平的科研成果使中国在矮秆水稻、杂交水稻育种和超级杂交水稻育种上三次领先世界水平。前两阶段的研究成果在中国推广后，中国的水稻亩产从 400 公斤左右提高到 1000 公斤左右，近 20 年内为全国增产粮食 3000 多亿公斤。

2016 年 11 月，他开发的"华南双季超级稻年亩产3000 斤全程机械化绿色高效模式攻关"项目组验收后宣布，该项目年亩产量达到 1537.78 公斤。项目获得成功，

一、基础知识

并创造了水稻亩产量新的世界纪录。同时，袁院士又在山东青岛设立了研究中心，将在 3 年之内，研发出亩产 300 公斤的海水稻，前期用一半海水、一半淡水浇灌，后期全部用海水浇灌。

9．为什么说发明创造对于提高我国国际地位的贡献是巨大的？

答：20 世纪六七十年代，我国科技工作者在中国共产党的领导下，自力更生，在极其艰苦的条件下科技攻关，独立自主研发成功了"两弹一星"；改革开放以后，我国科技工作者在中国共产党领导下，相继开发完成了"辽宁舰"、"东风 41"洲际导弹、预警飞机、新型驱逐舰等高科技国防尖端武器和产品，这些贡献不仅对维护世界和平起到积极作用，同时对于确立中国的世界大国地位奠定了非常坚实的基础。

10．近年我国知识产权的现状是什么？

答："十二五"时期，是我国知识产权事业发展很不平凡、成效极为显著的五年。几年来，在党中央、国务院的坚强领导下，全国知识产权系统凝心聚力、奋发有为、开拓创新，确立了知识产权强国建设新目标，出台了深入实施国家知识产权战略新举措，推动知识产权事业整体迈上了新台阶，为支撑经济社会发展做出了新贡献。几年来，知识产权大国地位日益巩固，知识产权

·13·

保护力度不断加大，知识产权运用效益快速提升，知识产权管理能力明显增强，知识产权事业基础更加牢固，逐步探索形成了一系列知识产权工作新理念新思路，引领着我国知识产权事业阔步前行、蓬勃发展。

"十二五"时期，国家知识产权局共受理发明专利申请403.4万件、实用新型专利申请421.4万件、外观设计专利申请297.2万件，其中，发明专利申请受理量跃居世界首位并保持领先地位；受理PCT国际专利申请11.7万件，比"十一五"增长2.2倍；发明专利授权量118.9万件，同比增长1.5倍；圆满完成国家"十二五"规划目标。

"十三五"时期知识产权工作的总体目标是：全面落实党中央国务院有关知识产权的各项决策部署，知识产权强国建设取得实质性进展，知识产权战略纲要目标任务如期完成，知识产权领域改革取得决定性成果，知识产权创造、运用、保护、管理和服务能力大幅提升，为建成中国特色、世界水平的知识产权强国奠定坚实基础。要注意把握好顶层设计和基层探索的关系、整体提升和重点突破的关系、改革发展稳定的关系。要努力推动知识产权事业发展实现"五个转变"：一是知识产权创造由多向优、由大到强转变；二是知识产权保护从不断加强向全面从严转变；三是知识产权转化运用从单一效益向综合效益转变；四是知识产权管理从多头分散向相对集中转变；五是知识产权国际合作交流从积极参与向主动作为转变。

11. 什么是国家知识产权战略？

答：多年来，人们经常在报刊和新闻媒体上看见一个新名词，即国家知识产权战略。

2007年10月15日，胡锦涛同志在党的十七大报告中明确提出"实施知识产权战略"，这是一项国家系统工程，涉及各个方面。2008年，国务院为了加强我国知识产权管理工作的力度，成立了国家知识产权战略实施工作部际联席会议，主要工作职责是：在国务院领导下，统筹协调国家知识产权战略实施和知识产权强国建设工作。加强国家知识产权战略实施和知识产权强国建设工作的宏观指导；研究深入实施国家知识产权战略和加强知识产权强国建设的重大方针政策，制订国家知识产权战略实施计划；指导、督促、检查有关政策措施的落实；协调解决国家知识产权战略实施和知识产权强国建设中的重大问题；完成国务院交办的其他事项。

由国家知识产权局、中央宣传部（国务院新闻办）、最高人民法院、最高人民检察院、外交部、国家发改委、教育部、科技部、工业和信息化部、公安部、司法部、财政部、人力资源社会保障部、环境保护部、农业部、商务部、文化部、卫生计生委、人民银行、国资委、海关总署、工商总局、质检总局、新闻出版广电总局（版权局）、统计局、林业局、法制办、中国科学院、国防科工局、中央军委装备发展部、中国贸易促进会等31 个部门和单位组成，国家知识产权局为牵头单位。

国家知识产权战略是通过大力提升我国市场经济主体的知识产权创新能力、拥有量和引进量以及运用和保护知识产权的创造能力来大幅度提高我国经济能力的总体设计。

2016 年 7 月，经国务院知识产权战略实施工作部际联席会议第一次全体会议通过，并报国务院批准，国务院知识产权战略实施工作部际联席会议办公室印发《2016 年深入实施国际知识产权战略加快建设知识产权强国推进计划》，明确了严格保护知识产权、加强知识产权创造运用和深化知识产权领域改革等重点任务。

12. 什么是科技创新能力？

答：科技创新能力是指企业、学校、科研机构或自然人等在某一科学技术领域具备发明创新的综合实力。包括科研人员的专业知识水平、知识结构、研发经验、研发经历、科研设备、经济实力、创新精神等七个主要因素，这七个因素缺一不可。其中专业知识水平是科技创新最基本的条件；知识结构是本单位科技人员具备相互配合所需要的各有所长的专业知识；研发经验是科技人员及本单位从事某一领域科技攻关研究和开发的成功经验和成果；研发经历是科技人员及本单位从事某一领域科技攻关研究和开发的时间和空间；科研设备是本单位开展科研试验需要的硬件设施；经济实力是本单位开展科研试验和相关活动需要的经费来源；创新精神是科技人员本身和集体具备的创造力、创作灵感、奉献精神等思想境界。

13．什么是对外技术依靠指标？

答：对外技术依靠指标是衡量一个国家科学技术实际力量的一个指标，也是创新型国家的重要指标之一。用百分比来表示，分子是需要国外技术的总和，分母是所有技术的总和。

发达国家的这个指标很低，德国和美国仅为5%～15%；而发展中国家比较高，我国为40%以上。

14．什么是技术的可专利性？

答：技术的可专利性是一项发明创造获得专利权应当具备的实质性条件。根据《中华人民共和国专利法》的规定，"它涵盖了新颖性、创造性和实用性"。

如果说，某项技术没有可专利性，就是认为该技术不具备申请和授权专利的条件。

· 17 ·

15. 什么是国民人均专利费用?

答:国民人均专利费用是西方国家的一种习惯提法,它是衡量一个国家专利水平的重要指标。

国民人均专利费用用分数表示,分子是用于专利费用的总和,分母是全国总人口。该指标日本最高,为人均 170×10^{-6} 欧元,德国为 125×10^{-6} 欧元,欧盟为 100×10^{-6} 欧元,美国为 70×10^{-6} 欧元。

16. 什么是"每万人口发明专利拥有量"?

答:"每万人口发明专利拥有量"是衡量一个国家科学技术实际力量的另一个指标,又是创新型国家的重要指标之一。用百分比来表示,分子是目前一个国家拥有的有效发明专利数量,分母是一个国家人口数量。截至2016年12月31日,中国大陆发明专利拥有量(不含香港、澳门和台湾地区)为110.3万件,每万人口发明专利拥有量为8.0件,是2012年的2.47倍。

17. 国家知识产权示范城市的评定指标是什么?

答:2007年11月21日,国家知识产权工作示范城市授牌仪式在成都市隆重举行。成都市是全国第一个获此殊荣的城市。

确定并且实施国家知识产权示范城市制度是我国加强知识产权意识的一项重要措施。它的评定工作按年度

一、基础知识

进行，评定工作以对申报城市创建工作期间的知识产权整体运行状况的评价为主，并参考申报城市长期的知识产权工作情况。主要指标有：城市知识产权管理能力与水平、城市知识产权创造能力与水平、城市知识产权保护能力与水平、专利实施与知识产权制度运用的能力与水平、促进专利信息传播与利用的措施和成效、开展宣传教育与交流合作的措施和成效、创新举措及突出成效等7个一级指标。围绕该7个一级指标，细化出58个评定指标，具体指导评价工作。

截至2016年12月31日，我国已经有国家知识产权示范城市53个，其中：

副省级（14个），包括湖北武汉、广东广州、广东深圳、四川成都、浙江杭州、山东济南、山东青岛、黑龙江哈尔滨、江苏南京、辽宁大连、陕西西安、福建厦门、浙江宁波、吉林长春。

地级（34个），包括湖南长沙、江苏苏州、江苏南通、江苏镇江、河南郑州、河南洛阳、山东东营、山东烟台、福建福州、福建泉州、浙江温州、安徽芜湖、广东东莞、江苏无锡、湖南株洲、江苏泰州、山东潍坊、山东淄博、安徽合肥、浙江嘉兴、河南南阳、浙江湖州、新疆昌吉回族自治州、河南新乡、贵州贵阳、广东佛山、江苏常州、河南安阳、湖北宜昌、广东中山、北京朝阳、

·19·

湖南湘潭、四川攀枝花、江西南昌。

县级（5个），包括江苏常熟、江苏昆山、江苏江阴、江苏丹阳、江苏张家港。

18．什么是专利授权率？

答：专利授权率是考核一个地区、一个企业或者是一个专利代理事务所工作质量的指标。它用百分比表示，分子是专利授权数量，分母是专利申请数量。

例如，某专利代理事务所在20世纪八九十年代代理企业专利的时候，不注重专利质量，为了赚取专利代理费，而单纯追求专利申请数量，把一些不符合申请专利的技术成果申请了专利，导致专利授权率极低，最低的时候甚至不到50%，即申请两项专利都不能授权一项专利，浪费了大量资金，损害了国家和企业的利益。

19．什么是专利实施应用率？

答：专利实施应用率是指获得国家知识产权局授权的专利实际应用到生产中，转化为实际产品的比率。国家知识产权局所授予的专利不可能百分之百地得到实施和应用，这个特点不仅在中国，在世界各国均普遍存在。有一些专利由于各种各样的原因从授权到终止一直都没有应用。

作为企业是以实现利润最大化为目的。因此，从企业实际利益角度出发，其拥有的专利数量不在于多，而

一、基础知识

在于有用、有效益。因此专利实施应用率是一个很重要的指标。

20．什么是专利的"一奖两酬"？

答："一奖两酬"是国家在对知识产权管理领域，特别是专利管理领域为保证和调动广大科技工作者的创造性，对职务发明人、设计人进行经济物质奖励的一个简称。

所谓"一奖"，是指发明人或设计人所完成的职务发明获得授权之后（不论是否有效益，是否实施），一次性给予的奖金。根据《中国石油天然气集团公司专利管理实施细则》规定，"集团公司及所属单位应在职务发明专利获得授权后 3 个月内，对职务发明专利人（或设计人）给予一次性奖励。甲类专利的奖金标准由集团公司制定，奖金由集团公司科技管理部门颁发；乙类专利的奖金标准由集团公司所属企业制定，奖金由所属企业颁发"。

甲类专利奖励的标准：(1) 发明专利 10000 元 / 件；(2) 实用新型专利 2000 元 / 件；(3) 外观设计专利 500 元 / 件。

乙类专利的奖励标准由各单位比照甲类专利奖励标准自行制定。

所谓"两酬"，一是该专利在本单位应用取得利润

·21·

（或效益）后应有的报酬；二是该专利在向外单位实施许可或转让取得利润（或效益）后应有的报酬。其标准由各企业参照国家、集团公司的政策自行制定。

这些对发明人（设计人）的报酬的标准，即如何测算计酬效益，如何确定提成比例，各企业均应制订出一个切实可行的实施办法。这当然需要生产实施单位、经营管理部门、人事财务部门会同科技管理部门共同协商，互相配合才能办好，一个部门不能完成。

"一奖两酬"在强化自主创新科技工程中占有不可替代的作用和分量，随着工作的延伸，这一工作会得到逐步加强和完善。

21. 国家知识产权局的职能是什么？

答：国家知识产权局的职能包括：

（1）提出我国专利法及其实施细则的效果方案，研究相关的知识产权法规，组织制定专利工作的规章制度。

（2）研究拟订知识产权涉外工作的方针、政策，研究国外知识产权发展动向，统筹协调涉外知识产权事宜（含必要的对外知识产权谈判），负责专利工作的国际联络、合作与交流活动。

（3）组织制定国家专利工作发展规划和专利信息网络规划。

（4）组织制定专利确权、侵权判断标准并指定管理

一、基础知识

机构，指导地方处理专利纠纷和查处冒充专利行为的工作，负责专利代理机构的审核、人员资格的确认，指定涉外专利代理机构。

（5）组织、推动专利法及有关法规的宣传普及工作，规划有关知识产权的教育与培训。

（6）承办国务院交办的其他事项。

22.《中华人民共和国专利法》进行过几次修正？

答：一部国家法律的修正，需要由具体职能部门起草，反复征求各方面的意见，上报国务院有关部门和全国人民代表大会常务委员会批准。《中华人民共和国专利法》从 1984 年 5 月 1 日在我国正式颁布实施以来已经修正了 3 次。分别是根据 1992 年 9 月 4 日第七届全国人民代表大会常务委员会第二十七次会议《关于修改〈中华人民共和国专利法〉的决定》进行的第一次修正，根据 2000 年 8 月 25 日第九届全国人民代表大会常务委员会第十七次会议《关于修改〈中华人民共和国专利法〉的决定》进行的第二次修正，根据 2008 年 12 月 27 日第十一届全国人民代表大会常务委员会第六次会议《关于修改〈中华人民共和国专利法〉的决定》进行的第三次修正。

·23·

23.《中华人民共和国专利法实施细则》进行过几次修正？

答：《中华人民共和国专利法实施细则》根据2001年6月15日中华人民共和国国务院令第306号公布，已经修正过两次。分别是根据2002年12月28日《国务院关于修改〈中华人民共和国专利法实施细则〉的决定》进行的第一次修正，根据2010年1月9日《国务院关于修改〈中华人民共和国专利法实施细则〉的决定》进行的第二次修正。

24. 国有企业专利管理工作面临什么问题？

答：第一，知识产权在国有企业传统的观念意识中既是一个老问题，也是一个新问题。长期以来，我们对广大科技人员的教育和培养强调的是为国家和人民多做贡献。一切荣誉归功于集体，一切成绩是组织培养教育的结果，不鼓励突出个人的作用，没有重大物质奖励，不实施个人收入同贡献挂钩，鼓励发扬风格，淡泊名利。宣传这些思想和观点在今天也是正确的，符合我国实际。但是，我们不能忽略另一个倾向，社会主义初级阶段是一个长期的历史进程。在物质没有极大丰富、人们思想觉悟没有极大提高的时候，分配问题是一个重要问题。国有企业缺乏完善的知识产权奖励机制，也没有相应的绩效考核办法，这不利于企业技术进步和获取更

一、基础知识

大经济效益。

第二，专利及知识产权制度在西方 400 多年的历史实践中证明对社会进步有明显的促进作用，我国 30 多年的具体实践也证明了这一点。科技成果是第一生产力的集中反映和载体，但如何转变为效率、效益和利润，最大限度地推动社会经济发展，这个问题没有很好解决。目前，许多成熟、有效益的科技成果在资料柜中"睡大觉"，致使我国科技成果转化率一直停留在一个不能令人满意的水平，只有 10% ~ 25%。换句话说，大多数科技成果没有转化，没有获得经济效益和社会效益。这是社会财富的极大浪费。作为国有企业的负责人，在目前提出的国有资产保值增值的任务指标压力和约束下，注重有形资产的保值增值，如资金、房产、半成品、原材料等，而忽视了无形资产的价值，这致使如果单位的设备、汽车丢了，马上到公安局报案，派人去找。而如果一件无形资产，一项技术被别人拿走了，可能企业领导人根本不重视甚至不知道。应该在思想上、管理机制上实现观念的转变。

第三，国有企业工程技术人员掌握法律的意识及水平问题。许多一线从事开发工作的科技人员，长期从事基层工作，没有机会参加专业培训，对专利知识及其他知识产权的认识停留在非常肤浅的阶段。有的同志甚至

·25·

认为，发明创造是发明家大人物的事情，距离自己的工作非常遥远。因此，在工作中本可以成为知识产权的闪光点遗憾地丧失了。

第四，一些国有企业指定了一些代理机构。这些代理机构对待国有企业的专利申请同私人企业的态度大不一样，质量得不到保障，有时甚至把申请专利的题目都搞错了，并不是下工夫研究技术的实质是否符合申请专利的条件，而是从多赚取代理费的角度出发，一并把所有技术均报国家知识产权局。这样做的后果是专利授权率极低，有的企业专利授权率仅为40%左右，发明专利申请后几年不见动静。这样便导致国有企业对申请专利这项工作产生畏难情绪，同时也败坏了我国知识产权的名誉。

第五，一些国有企业科技人员利用工作职务之便，将一些本应该申请职务发明创造的成果申请为非职务专利，变为个人私有财产。对于这种情况，企业应该按照有关法律和规定进行严肃处理，需要时应该请求公安机关立案，杜绝这种情况的发生。

25. 截至目前，我国有关专利领域有几部法律？

答：有4部，即《中华人民共和国专利法》（2008年修正）、《中华人民共和国专利法》（2000年修正）、

《中华人民共和国专利法》（1992 年修正）、《中华人民共和国专利法》（1984 年制定）。

26．截至目前，我国有关专利领域有几部行政法规？

答：有 9 部，即《中华人民共和国专利法实施细则》（2010 年修订）、《中华人民共和国专利法实施细则》（2002 年修订）、《中华人民共和国专利法实施细则》（2001 年修订）、《中华人民共和国专利法实施细则》（1992 年修订）、《中华人民共和国专利法实施细则》（1985 年修订）、《专利代理条例》（1991 年）、《专利代理暂行规定》（1985 年）、《国防专利条例》（2004 年修订）、《国防专利条例》（1990 年）。

27．截至目前，我国有关专利领域有几部部门规章？

答：共有 74 部。目录从略。

28．截至目前，我国有关专利领域有几部司法解释？

答：有 4 部，即《最高人民法院关于审理侵犯专利权纠纷案件应用法律若干问题的解释（二）》《最高人民法院关于审理专利纠纷案件适用法律的若干规定》《最高人民法院关于审理侵犯专利权纠纷案件应用法律若干问题的解释》《最高人民法院关于对诉前停止侵犯专利

·27·

权行为适用法律问题的若干规定》。

29．中国石油天然气集团公司有关知识产权工作的规章制度有多少个？

答：有19个。它们分别是：

（1）《中国石油天然气集团公司科学技术奖励办法》。

（2）《中国石油天然气集团公司科技成果登记管理办法》。

（3）《中国石油天然气集团公司技术秘密管理暂行办法》。

（4）《中国石油天然气集团公司计算机软件著作权管理办法》。

（5）《中国石油天然气集团公司专利管理办法》。

（6）《中国石油天然气集团公司科学研究与技术开发计划管理办法》。

（7）《中国石油天然气集团公司科技创新基金项目管理办法》。

（8）《中国石油天然气集团公司重点实验室和实验基地管理办法》。

（9）《中国石油天然气集团公司科学研究与技术开发项目管理办法》。

（10）《中国石油天然气集团科学技术期刊管理规

一、基础知识

定》。

(11)《中国石油天然气集团公司关于科技投入的管理规定》。

(12)《中国石油天然气集团公司关于科技成果转化与应用的管理规定》。

(13)《中国石油天然气集团公司鼓励优先采购自主创新重要产品管理规定》。

(14)《中国石油天然气集团公司自主创新重要产品认定管理办法》。

(15)《中国石油天然气集团公司重大技术现场试验项目管理办法》。

(16)《中国石油天然气集团公司鼓励技术引进消化吸收再创新管理规定》。

(17)《〈中国石油天然气集团公司限制和禁止类引进技术目录〉管理实施细则》。

(18)《中国石油天然气集团公司科技项目人才引进管理办法》。

(19)《中国石油天然气集团公司科技项目内部招标投标管理办法》。

30．如何用辩证的观点分析和看待专利制度？

答：30多年前，我们国家讨论实施专利制度的起因并不是现在强调的科技创新，而是解决引进设备中的知

·29·

识产权保护问题，消除障碍，承认世界大多数国家共同遵守的规则。知识产权制度在 400 多年前发源于欧洲，诞生在资本主义社会体系。一经问世，就表现出顽强的生命力，这是由于它在推动资本主义社会经济、文化特别是科学技术发展方面起到了不可替代的作用。专利与知识产权制度是西方社会经过几百年实践形成的精神文明体系中的重要组成部分，它同其他先进技术和先进管理方法一样，是一种无形资产。

我国正处于并将长期处于社会主义初级阶段，这是我国的基本国情。在这个历史阶段中，我们的生产力水平与发达国家有较大的差距。要逐步缩小差距，就必须借鉴资本主义社会和发达国家一切有利于社会发展的技术、手段与制度。不仅专利制度，广告、保险、股票和期货等，都是资本主义社会的发明。实践证明，这些制度和做法没有社会属性，不仅适合资本主义社会，同时也符合作为社会主义的中国社会发展的实际，对加速推进我国现代化建设实现"中国梦"有不可替代的作用。

31. 为什么说专利是一种"私权"，能够促进社会公平、公正？

答：专利制度诞生于资本主义社会。归根结底，专利权是私有制的产物，是一种物质权利，也是一种"私权"。但是认真分析，它的建立能够促进社会公平、公正。第一，同认定技术秘密不同，要申请专利必须公开技术内容，这是绝大多数发明人难以接受的一件事情，发明人把创新构思放在自己脑子里，放在资料柜子里都无可非议，但是公开技术心里很难接受。而不公开内容又谈何保护专利权呢？因此，必须公开，并由本人或代理人清楚准确地撰写专利的说明书和权力要求书，向国家有关部门递交。这是一项"阳光工程"。两种情况相比较，显然前者浪费了"资源"，不如后者对社会有利。第二，享有专利权必须缴纳年费，除了代理费用和申请费用以外，一旦专利授权之后每年的年费也很可观，而且随着时间的推移年费越来越高，因此，专利权人在没有专利收益之后就要提前中止专利。这一点也反应出社会的公平，任何人不可以无代价地获取某种社会权利。第三，专利权超过法律保护期限之后，专利权人丧失了全部权力，专利技术变成了社会公共技术。这个时候，任何人、任何企业都可以不付出任何代价地使用。这将促进社会的科技进步和经济发展。因此，国外的一些企业设有专门的机构和人员紧盯着本领域顶尖核心技术的专利状态，监控何时到期，一旦到期就"拿来就用"，不需要花费任何代价为企业增加效益。

32．为什么不能一味迷信外国专利？

答：如果说专利制度激发了人类的聪明才智，推动了社会进步和人类文明，符合客观实际，但不等于每一项专利都有用。中国专利如此，外国专利亦如此。

据我国有关部门的统计，我国专利实施率较低，大约在15%左右。国外无资料参考数据，可能要比我国的实施率高一些。但是可以肯定，大多数专利没有应用。

几年前，中央电视台报道了我国一些企业，在生猪饲养过程中使用"瘦肉精"，严重危害人民群众的健康，这一问题引起了全国人民的关注。

寻求根源，"瘦肉精"是国外发明的，申请和授权了外国专利。发明人当初可能是从良好的愿望出发，希望猪多长瘦肉，少长肥肉。不料，前面的目的达到了，但是毒副作用非常大。

这就提出了一个问题，不论是国外专利还是中国专利，不能一味地迷信。因为发明人和审查人员受当时社会客观条件的限制，不可能把专利的社会危害预测准确，也不可能为其危害买单。

实际上，这些"瘦肉精"的所谓专利都是保护期已过的外国专利，早已成为公共技术，外国人早已认准其危害，不使用了。

一、基础知识

33. 中国发明协会的职责是什么？

答：中国发明协会是在我国经济、科技体制改革全面展开的形势下，由134位社会各界人士联合倡议，于1985年在北京成立。业务主管单位是国家科技部，挂靠单位是国家知识产权局和中华总工会。

发明协会的职责是：

（1）普及创造学知识，开发智力资源。这在中小学中取得的成效尤其明显。不少地方的中小学成立了发明创造小组，不仅提高了教学质量，发明成果也陆续涌现。

（2）举办大型发明成果展览，促进发明成果转化实施。每年举办一次国内的发明成果展、四年举办一次国际的发明成果展。

（3）运用发明基金支持优秀发明项目（尤其是非职务发明）。每年都由专家严格选出一些项目，给予经费支持，使这些好项目能尽快得以应用，深受发明人的欢迎。

（4）评选发明企业家。评选、表彰既是发明家，同时又是企业家的发明企业家，体现了正确的政策导向，对于促进发明创造，促进发明创造的转化实施具有积极意义。

（5）组织发明人出国参展。既为发明人走向世界、

· 33 ·

开阔眼界创造了条件，同时又对将优秀发明推向国际市场，为吸引外资合作开发、生产等发挥了一定的作用。

（6）维护发明者的合法权益。如史丰收的"速算法"发明权受到侵犯时，发明协会召开了"史丰收速算法问世29年座谈会"，在社会上产生了良好的反响，维护了他的合法权益。

34. 知识产权包括哪些内容？

答：按照现有知识产权的定义和知识产权的发展，知识产权一般有狭义和广义之分。

狭义的知识产权包括工业产权和版权两大类。其中，工业产权可以分为三类：创造性成果权（包括发明专利权、实用新型权、外观设计权），识别性标记权（包括商标权、服务标记权、商号权、货源标记权和原产地名称权），制止不正当竞争权。

广义的版权可以分为作品创作者权和作品传播者权两类。作品创作者权即一般所讲的版权（狭义）或著作权，大陆法系国家称之为作者权。创作者权可分为经济权利（财产权）和精神权利（人身权）两种。作品传播者权即一般所讲的版权的邻接权，又称为与版权有关的权利，包括表演者权、录制者权、广播者权、出版者权等。

世界知识产权组织在《建立世界知识产权组织公

一、基础知识

约》第二条第八款对知识产权的定义，实际上是对广义的知识产权定义。人们可以把广义的知识产权分为三大部分：工业产权、版权、介于工业产权和版权保护之间的"边缘保护对象"（包括计算机软件、集成电路布图设计、印刷字体、卫星传播节目信号、电缆电视、个人数据、信息等）保护权。广义的知识产权除了包括狭义知识产权中的工业产权、版权以外，还包括科学发现权，"边缘保护对象"保护权，以及商业秘密权等。

35. 西方国家专利制度是如何建立的？

答：目前的文献资料显示，专利制度最早实施的记录是400多年前的西方国家，有文字记载的完整的规章制度是120年前，具体国家是英国和德国。至于这套制度是谁发明的，它最早的雏形是由何人设计的，则众说纷纭。

有一种说法是，几百年前，威尼斯城受到洪水的袭击，全城家家户户都进了水，人们只能用水盆和水桶向外舀水。这时有一个人突发奇想，开发设计了一种木质结构的装置，可能就是现代水泵的原型。由于当时没有电，需要人工驱动向外排水，效率比向外舀水要高出许多，引起了人们的关注。威尼斯城的"城长"（领导人）当即决定推广这项技术。但是，发明人提出条件，每台装置都要写上他的名字，"城长"满足了他的要求，以表

· 35 ·

示对他的感谢和尊重。这大概是专利著作权的最早记录。

世界上第一部专利法颁布于 1474 年 3 月 19 日，在当时的威尼斯共和国，它具有浓厚的封建特权色彩。1624 年英国颁布的《垄断法》被认为现代专利法之始，这与资本主义市场经济的形成有密切关系，可以说专利制度是适应市场经济的需要，伴随市场经济共同发展起来的。

36．世界上哪些国家或组织专利水平较高？

答：通过对全世界 100 多个国家和地区的情况分析，舆论公认三个国家或组织的专利水平居世界先进地位，即美国、日本和欧盟。它们有以下特点：

一是专利数量巨大，三者拥有的专利总和约占世界专利总和的 80%；二是法律体系严密，有独立的司法机构和法律文本；三是集中了最新、最尖端的技术。发明人一旦开发出了"石破天惊"的技术，首先反应就是申请这三个国家和组织的专利进行保护。

37．中国石油知识产权领域经济效益突出的产品有哪些？

答：中国石油科技创新活动踊跃，产生了许多具有重大经济效益和社会效益的知识产权产品。本书仅举 1 例。

例如，东方物探公司开发的 GeoEast 软件，是一套处理解释地震资料的软件系统。

· 36 ·

一、基础知识

2003 年，中国石油天然气集团公司为了摆脱这一路工作"受制于人"的局面，下决心解决这一问题。从此十余年来，东方物探公司集中 150 名科技精英，取得了重大技术突破。已经获得直接经济效益 2.69 亿元，新增税收 4000 万元，预计未来潜在经济效益为 12 亿美元。

2012 年 8 月，对该软件系统进行价值评估，用收益现值法计算该软件系统目前价值为 25 亿元，是科技投入 1.63 亿元的 15 倍。

38．企业知识产权管理的基本制度有哪些？

答：企业知识产权管理的基本制度主要包括：

（1）知识产权战略决策与发展规划的管理制度。

（2）知识产权管理组织机构的设置及其职权的管理制度。

（3）工作人员工作变动中知识产权归属管理的管理制度。

（4）研究与开发过程中的知识产权管理制度。

（5）职务与非职务知识产权界定的管理制度。

（6）技术资料、技术秘密及其信息资源合理利用的知识产权管理制度。

（7）知识产权转让、许可及其合同关系的管理制度。

（8）各种形式合作研究与开发的知识产权管理制度。

（9）知识产权成果转化的管理制度。

・37・

（10）知识产权的奖励制度。

（11）享有知识产权的技术成果的保密制度。

与管理制度配套的其他管理制度主要包括：

（1）知识产权工作例会制度。

（2）成果登记制度。

（3）专利申请单位审查制度。

（4）商标注册单位审查制度。

（5）计算机软件登记单位审查制度。

（6）技术合同会签制度。

（7）科技管理的奖惩制度。

（8）防止无形资产流失制度。

（9）专利商标文献定期检索制度。

（10）科学技术信息定期录入制度。

（11）研究和开发项目定期检查和知识产权联络员制度。

（12）技术利益传承制度以及保密制度。

企业应将上述这些制度导入企业管理的活动中，通过这些制度的建立和实施，构建企业的知识产权乃至所有无形资产的科学管理体系，加快推进企业的科技进步。

39．我国知识产权领域的最高奖励是什么？

答：我国知识产权领域的最高奖励是"国家最高科

一、基础知识

学技术奖"和"国家技术发明奖"。

在我国国家级科学技术领域奖励分为 5 类，即"国家最高科学技术奖"、"国家自然科学奖"、"国家技术发明奖"、"国家科学技术进步奖"和"中华人民共和国国际科学技术合作奖"。

在我国社会主义现代化建设中有重大、突出贡献的具有自主知识产权的技术成果，经省、自治区、直辖市和国家部、委及中央直属企业和科技专家的推荐，可以申请国家科学技术奖励。

40．世界知识产权领域的最高奖励是什么？

答：世界知识产权领域的最高奖励是诺贝尔科技类奖。

诺贝尔科技类奖是全世界公认的世界知识产权领域最高科技奖励，诺贝尔科技类奖有 3 类，分别是"诺贝尔物理学奖"、"诺贝尔化学奖"和"诺贝尔生理学或医学奖"。

2015 年 10 月 5 日，瑞典卡罗琳医学院在斯德哥尔摩宣布，中国女科学家屠呦呦获得 2015 年诺贝尔生理学或医学奖。这是中国人首次获得此项奖励！

41．我国哪些高等院校开设了知识产权领域的相关学科？

答：目前已经有北京大学、中国人民大学、浙江大

·39·

学、东南大学、华中理工大学、西南政法大学、烟台大学、重庆理工大学等院校开设了知识产权领域的相关学科，其中一些学校具有硕士、博士授权资格。

42．什么是"中国专利奖"？

答："中国专利奖"是我国专利领域由我国政府部门和世界知识产权组织联合颁发的最高奖项。自1989年起创立至今已成功举办了18届，旨在鼓励和表彰为技术（设计）创新及经济社会发展做出突出贡献的专利权人和发明人。20多年来，"中国专利奖"评选表彰活动对促进我国自主知识产权质量提升和结构优化，提高全社会知识产权意识产生了积极的导向作用。

"中国专利奖"设"中国专利金奖"、"中国专利优秀奖"、"中国外观设计金奖"及"中国外观设计优秀奖"4个奖项。

2016年，第十八届中国专利奖共评选出中国专利金奖20项，中国优秀专利奖568项，中国外观设计金奖5项，中国外观设计优秀奖65项。

43．目前我国有多少个专利代办处？

答：截至目前，我国共有33个国家知识产权局专利局代办处或分理处。分别是：北京代办处、长春代办处、成都代办处、重庆代办处、长沙代办处、福州代办处、贵阳代办处、广州代办处、哈尔滨代办处、合肥代

一、基础知识

办处、呼和浩特代办处、海口代办处、济南代办处、杭州代办处、兰州代办处、昆明代办处、南昌代办处、南京代办处、南宁代办处、青岛代办处、上海代办处、苏州代办处、深圳代办处、沈阳代办处、太原代办处、西宁代办处、石家庄代办处、天津代办处、武汉代办处、乌鲁木齐代办处、西安代办处、银川代办处、郑州代办处。

44．专利代办处的职责是什么？

答：专利代办处的职责主要包括以下两点：

（1）受国家知识产权局委托，受理专利申请、收缴专利费用。

代办处应根据《国家知识产权局专利代办处受理专利申请工作规程》规定的受理专利申请范围，接收、审核、处理专利申请文件。对符合受理条件的专利申请确定申请日、给出申请号，对专利费用减缓请求进行审批，发出专利申请受理通知书和费用减缓审批通知书。对不符合受理条件的专利申请发出专利申请不受理通知书。

根据《国家知识产权局专利代办处收缴专利费用工作规程》规定的范围和标准收缴专利费用，确定缴费日，开具专利费用收据。

（2）完成专利申请和专利费用的数据采集、校对工

·41·

作。在保证数据准确无误的情况下，按规定的期限向国家知识产权局专利局受理处、收费处传输数据，邮寄文件和票据，转缴收取的专利费用。

中国石油天然气集团公司的所属企业在申请专利时，既可以寄至北京中华人民共和国国家知识产权局，又可以就近在上面提到的30个专利代办处的任何一个递交申请材料，效果完全相同。

45．为什么技术人员发表技术论文需要企业领导批准？

答：作为一名新进入企业从事科技创新工作的科技人员，需要进行"制式教育"。需要清楚自己在这个企业所产生的发明创造，产生的知识产权产品，其所有权不是属于自己的，应属于企业。这个意识不建立，就要出问题。

因此，企业技术人员发表同自己工作有关的技术论文直接关系到企业知识产权体系的利益，是工作行为，应该经过企业领导批准。

46．企业如何处理撰写和发表技术论文的矛盾？

答：长期以来，按照我国现行的规定，技术干部在考核工作业绩、晋升技术职称和职务、申请特殊贡献科技专家甚至院士时，撰写和发表学术论文及其专著占有

·42·

一、基础知识

不可替代的作用。因此，技术干部对于这件事很重视可以理解，这是自身进步的需要。

从期刊、出版社的角度出发，其论文和专著的学术水平表现在创新点及关键技术，这是他们决定此篇文章是否可以发表的关键，内容写的越多越详细越好，时间越新越好。

而从企业来说，同前面提到的出发点不同，如果创新成果发表了，就丧失了新颖性，"无密可保"，既不能申请专利，也不能认定技术秘密。

笔者认为，这是在科技管理中的一个具体问题，也是一个难点问题，直接关系到科技创新活动的质量。

解决这个矛盾要具体分析现实情况，制定有关规章制度，兼顾各方面的利益。

47. 什么是中国知识产权保护状况白皮书？

答：中国知识产权保护状况白皮书是全面反映中国年度知识产权保护成就的权威材料。自 1998 年发布以来一直受到国内外各界的广泛关注。白皮书由国家知识产权局组织公安部、农业部、文化部、海关总署、工商总局、版权局、林业局、法制办、最高人民法院及最高人民检察院等知识产权相关部门共同编写，内容全面，数据翔实，从立法、审批登记、行政执法、司法保护、体制机制建设、宣传、培训、国际交流合作等多方面，

· 43 ·

充分展示中国知识产权保护所取得的重大进展，是世界各界了解中国知识产权保护总体状况的重要渠道。

48．100万"明白人"的概念是什么？

答：2016年12月22日，国家知识产权局，工业和信息化部印发《关于全面组织实施中小企业知识产权战略推进工程的指导意见》。文件内容很多，受篇幅限制，不能全面解读，但其中一点，引起笔者的注意：

力争5年内，培训100万名中小企业知识产权工作者和经营管理人员，提高中小企业知识产权管理人员专业水平和综合素质；鼓励和引导中小企业设立专职知识产权管理岗位，推动一批中小企业贯彻实施《企业知识产权管理规范》国家标准。

笔者认为这一条太重要了，既符合我国企业实际，又兼顾了长远发展。经过技术培训的100万人虽然只掌握一些基础知识和基本技能，但也可以说是企业知识产权的"明白人"，只要他们学以致用，理论联系实际，大胆实践，平均每人经手干3件事情，那就是300万件，如果干10件事情，就是1000万件！

当然，100万"明白人"只占我国总人口的万分之几，是太少了，但是星火燎原，有了100万，就会有500万、1000万。

一、基础知识

49．屠呦呦教授获奖带来了什么启示？

答：2015 年 10 月 5 日，一条爆炸性新闻震惊了十几亿中国人民，我国女科学家屠呦呦教授获得诺贝尔生理学或医学奖，这是中国人首次在该领域获得诺贝尔奖。

屠呦呦从中医古籍中得到启发，通过对提取方法的改进，首先发现中药青蒿的提取物有高效抑制疟原虫的成分，由于这一发现在全球范围内挽救了数以百万计人的生命，为促进人类健康减少病患做出了非常巨大的贡献。她以顽强、百折不挠的精神在我国科技史上书写了新的传奇。

屠呦呦获奖首先给我们带来的启示是她的成果验证了毛泽东同志关于"中国中医药学是一个伟大宝库"的论断。中医药是中华民族几千年来形成的悠久历史和灿烂文化的结晶，其中凝聚了中国人民的智慧和勤奋；其疗效和成果造福了中国人民和全世界人民，青蒿素就是从这一宝库整理挖掘出来的。

不可否认，随着科技水平的迅速发展，西方医学技术进步显著，例如在检测和治疗手段方面有了突飞猛进的发展，有了核磁共振成像设备，可以开展微创介入手术等等。即使如此，西医也不可替代中医，西药也不可全面替代中药。有一些目前西医西药毫无办法的病症可

· 45 ·

以通过中草药、针灸、艾灸、理疗等手段可以治愈，屠呦呦的成就就说明了这一点。

启示之二，集体的力量大于天。屠呦呦在回顾青蒿素的发现过程中述说，这个成果是集体智慧完成的，除了我国中医研究院研究团队外，还有山东省中医药研究所、云南省药物研究所、中国科学院生物物理所、上海有机所、广州中医药大学以及军事医学科学院等单位。

我国是一个社会主义国家，回顾历史上每一项重大技术突破，都凝聚着成千上万名科技人员的智慧和心血，都是经历数十年刻苦攻关而成功。这是我们国家制度决定的可以集中力量办大事的特定成果。

启示之三，宏伟的科技成果是一个系统工程，要打"组合拳"。

屠呦呦的成果含专著、论文、专利技术秘密等，这说明任何宏伟的科技成果均是一项伟大的系统工程，需要用不同的载体去传承和转化，各自发挥各自的作用，缺一不可。

二、技术秘密

50．什么是商业秘密？

答：商业秘密（经营秘密）英文为 Trade Secrets（Business Secrets），是一种依靠权利人的保密措施维持秘密性的、有价值的知识财产。

我国在 1991 年 4 月 19 日通过并公布施行的《民事诉讼法》中首次明确提出商业秘密的概念。其中第六十六条规定，"对涉及国家秘密、商业秘密及个人隐私的证据应当保密，需要在法庭出示的，不得在公开开庭时出示"。

1993 年 12 月 1 日起施行的《中华人民共和国反不正当竞争法》（以下简称《反不正当竞争法》）第一次从立法上界定了商业秘密的含义。

世界各国针对商业秘密都采用相应的法律方式予以保护。如美国的《统一工商秘密法案》、《反经济间谍法》等对商业秘密予以保护；加拿大分别于 1982 年和 1987 年提出了《保护秘密权利法草案》、《加拿大统一商业秘密法草案》，对商业秘密进行保护；德国在其反不正当竞争法中规定了侵犯商业秘密行为的三种基本形态，即非法泄露商业秘密、非法获取商业秘密以及非法利用商业秘密的条款；英国拟议中的《保护秘密权利法（草案）》和法国的《刑法典》、墨西哥、哥伦比亚等国的刑法典也都规定泄露商业秘密为非法，并将追究侵权者的刑事责任。

我国目前还没有专门的商业秘密保护法，但在保护商业秘密方面已经形成以《中华人民共和国民法通则》、《反不正当竞争法》和《中华人民共和国刑法》等相关法律、法规、政策联合保护的法律体系。例如，1995 年 11 月 12 日由国家工商行政管理局第 41 号令形式公布，1998 年 12 月 3 日由国家工商行政管理局第 86 号令形式修订的《关于禁止侵犯商业秘密行为的若干规定》中明确规定，"本规定所称商业秘密，是指不为公众所知悉，能为权利人带来经济利益，具有实用性并经权利人采取保密措施的技术信息和经营信息。本规定所称技术信息和经营信息包括设计、程序、产品配方、制作工艺、制作方法、管理诀窍、客户名单、货源情报、产销策略、招投标中的标底及标书内容等信息"。

51. 什么是技术秘密？

答：技术秘密一般指保密的技术，法律定义源于商业秘密，是商业秘密的一部分，具有商业秘密的属性。其英文为 Technique（或 Technology）Secrets，又称为

二、技术秘密

Know-Now，但不如 Trade Secrets 那样被经常性地运用。2004 年 11 月 30 日通过的《最高人民法院关于审理技术合同纠纷案件适用法律若干问题的解释》中明确定义，"技术秘密是指不为公众所知悉、具有商业价值并经权利人采取保密措施的技术信息"。

20 世纪 70 年代，为了满足我国人民不断增长的物质需求，我国从瑞士引进了两条手表生产线，国家轻工业部制定标准，将机械式手表的误差定为 24 小时正负 45 秒。瑞士技术专家在参观了生产过程后发表了看法：你们加工生产的零部件质量没有问题，但是人员装配水平低。他们关上房门，使用同样的零部件组装手表，装配的产品 24 小时误差仅为 3 ～ 5 秒，有些甚至在 1 ～ 2 秒之内。瑞士技术专家说，手表的装配工艺是我们的"技术秘密"，你们购买的生产线不包括这些内容，如果需要可以另外购买。这是我们较早领教西方国家技术秘密的概念。

技术秘密主要是指凭借经验或技能产生的，在工业化生产中适用的技术情报、数据或知识，包括产品配方、工艺流程、技术秘诀、设计、图纸（含草图）、试验数据和记录、计算机程序等，而且这些技术信息尚未获得专利等其他知识产权法的保护。

· 49 ·

52. 技术秘密的特点是什么？

答：技术秘密有以下的特点：

（1）秘密性（新颖性的最低要求）。技术秘密必须具有实质上的秘密性或秘密因素，也就是"不为公众所知悉"，技术秘密的核心只是由技术秘密的权利人或相关具有保密义务的人或组织才能知悉，其他组织或人员要想获得此技术秘密就只能花费相应的劳动去探究（不违反社会道德的前提下）或付出足够的酬金去得到权利人的许可，要么就只能采取故意侵权的方法。

（2）实用性。技术秘密具有实用性，可以为技术秘密的拥有者带来相应的经济利益，没有实用性的技术秘密不能成为秘密。

（3）价值性。技术秘密现在或将来的使用，可以给技术秘密的权利人带来现实的或潜在的竞争优势。技术秘密可以是正在被权利人使用的，也可以是由权利人控制尚未使用的。

（4）保密性。技术秘密的合法控制者必须针对技术秘密本身采取相应的保护措施，技术秘密一旦公之于众就失去了存在的价值，重要的是单位或组织是否对技术秘密采取了保密措施，这是该技术秘密取得法律保护的前提要求。

此外作为技术秘密的来源还必须合法正当。一是技

二、技术秘密

术秘密的取得方式必须是合法的，如自行研制、合法许可、继承或转让等；二是技术秘密的信息本身不得侵害国家利益、公共利益和他人的正当权益。另外需要说明的是，以往社会上所称的"专有技术"、"技术诀窍"在我国法律没有明确的定义，都属技术秘密的范畴。

53．技术秘密与专利有什么区别？

答：技术秘密与专利同属知识产权领域范围，有许多相同的地方，但也有区别：

（1）技术秘密保护要比专利制度保护范围大，凡是能够用专利制度保护的技术都可采用技术秘密制度来保护。专利制度不能保护和不需要保护的技术，如"可口可乐"的配方、"同仁堂"中成药的配方以及前面提到的瑞士手表的装配工艺等，均采用技术秘密的方式进行保护。

（2）专利制度不能脱离技术秘密制度独立存在。如在专利申请之前不采取保密措施，发明创造有可能泄密公开而丧失新颖性从而不能得到专利保护。发明创造从开发到专利申请、授予专利权时间跨度可能很长，这段时间也需要技术秘密保护。一些不在专利中公开的技术、阶段性的技术成果以及技术资料都可以采取技术秘密保护，作为专利技术的补充。反之，技术秘密可以脱离专利而独立存在。

·51·

（3）技术秘密的保护更需要借助持有人自身的力量，从内部人员、制度、管理上控制；专利则是依照国家法律法规保护。当然，技术秘密的保护目前已经逐步纳入国家法律法规保护范围，窃取技术秘密并造成重大损失的也要判刑。

（4）技术秘密是不公开的技术，只要技术不被公开，企业对技术就有长期控制和垄断的权利，特别是对技术难度大，其他企业和个人在短期内不能开发出来的技术保护更有力。专利是公开的技术，所有人不能限制他人研究和模仿，其保护期也有限。

（5）不同的持有人持有相同的技术秘密时，持有人都享有相同的利益，相互不能排除其他人开发同样的技术，享有相同的权利。

54．企业技术秘密分为几个等级？

答：目前国家在这方面没有明确规定，企业可以将技术秘密分为秘密、机密和绝密三个等级。在目前初级阶段也可以分为秘密和机密两个等级。

55．企业技术秘密的基础工作是什么？

答：判定一个企业或者科研单位技术秘密工作是否合格，首先要分析基础工作的情况，大致有以下几点：

一是企业应该有技术秘密管理的组织机构，有专

二、技术秘密

职、兼职工作人员；二是企业应该有技术秘密的管理办法和规章制度，从科技开发人员创造了技术秘密到技术秘密产生经济效益后给科技人员奖励及提成的一系列过程都有章可循；三是企业每一件技术秘密应该都有档案，详细记录了该技术秘密的各种数据和指标；四是企业的每一位科技开发人员和涉及技术秘密的人员都应该同企业签订保密协议；五是企业通过宣传教育，形成一种风气，使每一位员工认识到技术秘密是企业的宝贵财产，要倍加珍惜和爱护。

56. 企业技术秘密应设立的管理机构是什么？

答：作为知识产权的一部分，企业技术秘密的管理机构同专利管理机构相同，是科技管理的一个组成部分。所不同的是，无论企业的所有制性质如何，均应该有一个审查和确定技术秘密的组织，名称可以是"技术秘密审定小组"或者"技术秘密审定委员会"等。根据企业的大小和工作需要，成员数量自己确定。

57. 企业技术秘密的规章制度主要有什么内容？

答：由于对技术秘密的认识程度不够，目前许多企业没有技术秘密的管理办法，影响了企业技术进步。制定这个管理办法不是技术管理一个部门的事情，由于涉

·53·

及企业的各个方面，因此是一项系统工程。其主要内容包括：

（1）技术秘密在企业中的地位和作用。

（2）企业管理技术秘密的组织机构。

（3）技术秘密的产生及审批过程。

（4）技术秘密的奖励和惩罚。

（5）技术秘密的保护策略和经营目标。

（6）特别规定的事宜。

58．企业认定技术秘密应遵循怎样的程序？

答：凡是在科技开发工作中产生了技术秘密，应该由完成人及时提出，经过企业有关机构的认定，成为本企业的技术秘密。履行以下程序：

（1）立即形成一份文字材料，包括以下几个方面内容：

①技术秘密的名称。

②技术秘密的编号。

③技术秘密的完成人。

④技术秘密的核心和关键点。

⑤技术秘密的涉及范围和知情人（人数越少越好）。

⑥技术秘密的保密期限（一般 3～5 年，特殊技术秘密 10 年）。

⑦技术秘密的使用情况和经济效益。

⑧技术秘密对外单位的许可使用和转让情况。

⑨技术秘密效益提成情况。

这个文字材料是技术秘密的档案，要数据准确、格式正规、随时填写、随时备查。

（2）同有关人员签订保密协议，已经签订的需要再次重申。

（3）定期跟踪技术秘密的实施情况，在保密期限内，如果该技术秘密丧失价值，不具备"不为公众所知悉、能为权利人带来经济利益、具有实用性"等特性，应该履行程序，提前解除秘密。如果该技术秘密保密期限已经到期，但是仍然没有丧失价值，应该实事求是，履行程序，延长该技术的保密期限。

（4）研究企业竞争对手的有关技术秘密的情况。

59．企业技术秘密的奖励和经济兑现标准是什么？

答：技术秘密在企业的地位应该与专利相同，因此，适用于专利的奖励和经济兑现标准同样适用技术秘密。

60．企业怎样防止研发中技术秘密的泄露？

答：防止研发中技术秘密的泄露应注意以下几点：

（1）在研发初期，新产品或新技术研发目的和意图、思路不对外交流。

（2）研究过程中，要随时注意相关技术资料（数据、实验结果、设计图纸等）和内容的保管存档，建立保管责任保密制度。

（3）采取技术性防范措施，精心设计产品以防他人通过"反向工程"获取产品中的秘密信息。

（4）建立计算机使用及技术秘密载体的管理制度，有条件的企业应采用先进物理隔离手段加以防范。

（5）缩小涉密范围，把接近秘密的人员和区域限制在最小范围内，对于一些重大秘密，尽可能将其关键部分进行分解，使每一位涉密者只能接触到秘密的其中一部分。

（6）认定的成果要及时进行技术秘密登记，按有关要求管理相关的技术文件。

（7）建立审查审批制度，掌握对外宣传等。

（8）确定并明示禁止参观的涉密场所和地点，提倡建立区域办公封闭管理制度。

（9）在合作、委托开发发生前，向对方明示保密义务，签订保密条款或保密合同。相关管理和技术人员均对所形成的技术秘密承担保密义务。

（10）技术秘密许可、转让中不论签订何种许可方式，许可方与被许可方均要签订保密合同，或者是在许可合同中明确约定保密条款。

61. 企业怎样防止人员流动中技术秘密的泄漏？

答：原国家科学技术委员会在 1997 年 7 月颁布的《关于加强科技人员流动中技术秘密管理的若干意见》中规定，"企事业单位应当在科技人员或者有关人员离开本单位时，以书面或者口头形式向该人员重申保密义务和竞业限制义务"。企业流动人员和用人单位应遵守以下规定：

（1）掌握技术秘密的人员在流动中，不得将本人在工作中掌握的、由本单位拥有的技术秘密（包括本人完成或参与完成的职务技术成果）披露给用人单位，或转让给第三者或者自行使用。

（2）对列入国家重大科技计划项目的有关合同课题组成员，在科研任务尚未结束前要求调离、辞职，不予批准。擅自离职，并给国家或者原单位造成经济损失或泄露商业秘密的，要承担经济和法律责任，用人单位有过错的，也应当承担连带赔偿责任。

（3）要与接触技术秘密的人员签订技术保密协议，在调入或聘用人员时应要求其说明在原单位是否有保密或竞业禁止的协议，拒不签订保密协议和做出说明的，单位有权不予聘用。

· 57 ·

（4）在掌握技术秘密的人员离开本单位时，以书面或者口头形式向该人员重申其保密义务和竞业限制义务。在保密岗位工作的专门人员，应在调离前一年安排其他非保密岗位进行脱密。

（5）掌握技术秘密的人员在兼职活动中，不得将本人掌握的技术秘密擅自提供给兼职单位，也不得侵害兼职单位的权益。

（6）企业应从健全管理制度入手，建立奖惩制度，明示企业职工的保密义务，强调窃取技术秘密的法律后果，全面推行知识产权或技术秘密保护协议制度。防止内部员工被竞争对手雇佣，故意出卖技术秘密。

（7）要从待遇留人、事业留人、感情留人出发，提高涉密人员的津贴、报酬，加强企业的凝聚力和员工的归属感。

可以考虑对企业开发和掌握核心技术的科技人员实行特殊薪酬政策。能够掌握企业技术秘密的职工，都是处在企业的技术岗位或者是关键岗位上。对这些位于特殊岗位或做出特殊贡献的职工，可考虑实行特殊的分配政策。

62．企业怎样与职工签订保密协议？

答：企业保护其技术秘密，最有效的方法是与职工签订保密协议，保密协议一般有以下方式：

一是在签订"聘任合同"或"劳动合同"中写明保

二、技术秘密

密条款和违约责任；二是直接与接触技术秘密的职工签订《保守技术秘密协议书》。

（1）在劳动合同中订立保密条款的主要内容：

①职工在受聘期间，不能向外泄露技术秘密，不能允许第三方使用技术秘密。

②职工在受聘期间，不得携带技术秘密"跳槽"到另一企业。

③合同期满的仍应承担保密义务并保证在一定期限内（一般三年）不使用该技术秘密。

④明确违约责任。

（2）签订专门的协议书。

企业可以直接与接触技术秘密的职工签订专门的《保守技术秘密协议书》。协议书中应明确指出员工所掌握的是哪些技术秘密，保密的内容应具体明确。要符合法律构成技术秘密要件，缺少任何一个要件，均不构成技术秘密。如将本行业的公知技术列入技术秘密的范围，或者将没有任何商业价值的技术列入技术秘密的范围。即使签订了技术秘密保密协议，也不受法律的保护。

要求员工保守企业技术秘密是企业的权利，员工保守技术秘密是义务。反之，支付员工技术秘密保密费是企业的责任，要求企业支付技术秘密保密费是员工的

·59·

权利。

在签订《保守技术秘密协议书》要注意以下事项：

①双方当事人的主体资格合法。

②协议书的内容不得违反国家法律、法规、规章。

③甲、乙双方地位要平等，以自愿为原则，双方表达意思真实，权利和义务对等。

④主要条款内容清楚。

⑤明确违约责任。

（3）竞业限制。

竞业限制是指掌握商业秘密的人员在调离或者离退休一定时间内（一般三年以内），不得在生产同类产品或经营同类业务且有竞争关系或者其他利害关系的其他单位内任职，或者自己生产、经营与原单位有竞争关系的同类产品或业务，否则将承担法律责任。这一规定，是对企业商业秘密保护的重要措施。

竞业限制的对象主要有两类：一是具有特定职务的人，如《中华人民共和国公司法》第六十一条规定的董事、经理（包括经理以及执行经理职务的副经理）。二是与单位签订保密合同、负有保密义务的人。前者是法律直接规定的，后者是当事人约定的，其本质是劳动者依照自己的意志对其自由择业权利的一种让渡。

二、技术秘密

63．企业怎样解决技术秘密侵权纠纷？

答：企业的技术秘密被侵犯，应迅速查清事实，对当事人严格控制，立即采取措施防止事态扩大。视情况依法向不同部门投诉以寻求援助，或者直接向人民法院提起诉讼。

1）向仲裁机构申请仲裁解决

企业的技术秘密被侵犯，如果此前企业与侵权人之间签订了合同，并且双方自愿达成仲裁协议的，可依据《中华人民共和国仲裁法》向当地仲裁机构或者双方仲裁协议中约定的仲裁机构申请仲裁。裁决做出后，不能就同一纠纷事件再申请仲裁或向人民法院起诉。

企业之间因劳动争议引起的纠纷或签订《劳动合同》的职工期限未满，擅自跳槽，带走企业技术秘密，侵犯企业利益的，企业可依据《中华人民共和国企业劳动争议处理条例》向当地劳动争议仲裁委员会申请仲裁。对仲裁裁决不服的，可以在十五日内向人民法院起诉。

2）向工商行政管理部门投诉

根据《中华人民共和国反不正当竞争法》第三条规定，"县级以上人民政府工商行政管理部门对不正当竞争行为进行监督检查"。第二十条规定，"违反本法第十条规定侵犯商业秘密的，监督、检查部门应当责令停止违法行为，可以根据情节处以一万元以上二十万元以下

·61·

的罚款。"企业的商业秘密被侵犯人的不正当行为侵犯，可以按上述规定，向县级以上工商行政管理部门投诉，并提供商业秘密及侵权行为的有关证据。

由于技术秘密的侵权往往比较隐蔽，证据容易转移或灭失，请求工商行政管理部门处理可以迅速及时取证。

3）向人民法院起诉

根据《中华人民共和国刑法》、《中华人民共和国民法》、《中华人民共和国合同法》、《中华人民共和国反不正当竞争法》等法律规定，"企业的商业（技术）秘密被侵犯，可以直接向人民法院起诉。向人民法院起诉的，应当向有管辖权的人民法院提起诉讼，一般讲应向被告所在地人民法院或侵权行为地人民法院提起诉讼。订立合同的，应向被告所在地或合同履行地人民法院提起诉讼"。

4）协商解决

技术秘密纠纷属民事纠纷，企业单位的技术秘密受到侵害时可以与侵权人进行协商，要求其停止侵权并做适当赔偿，以维护自身的正当权益。

5）其他渠道

当企业重大技术秘密失窃，造成巨大损失时，可以比照刑事案件的处理办法，请公安部门立案，及时调查取证。

二、技术秘密

64. 判定一项科技成果（技术）申请专利或认定技术秘密的标准是什么？

答：判定一项科技成果（技术）申请专利或认定技术秘密的标准有两个基本点：

一是该科技成果（技术）是否是在我国专利法的保护范围，如果是，进行下一步分析；如果不是，进行技术秘密认定。

二是进一步分析在我国专利法的保护范围内，其核心技术（关键点、技术诀窍）能否在生产制造过程、用户使用过程中不泄露。如果做不到，这项技术或产品一旦问世秘密就全部泄露了，那就毫不犹豫地申请专利，要"正名"；如果在转化应用中可以保守秘密，外人弄不明白，为了使这项技术的寿命更长久，能够为权利人获取更多的效益，则采取技术秘密认定手段。

当然，还有其他一些判定标准。

65. 为什么抽油机智能控制的创新应该认定为技术秘密？

答：近 20 年来，各油田和企业在抽油机智能控制方面做了许多科技创新工作，研发了不同类型的功率电子技术和控制软件以改变抽油机的运行工况，实现节能减排的目的。

这类技术有较强的隐蔽性，完全可以在使用中保守技

· 63 ·

术秘密。因此建议抽油机智能控制的创新不要申请专利，采取认定技术秘密的形式。

66．什么是"技术卧底"？

答："技术卧底"也称"技术间谍"。因此，同"政治间谍"、"军事间谍"一样，是为了获取某种技术秘密，受人指派，打入部门或企业，以达到不可告人的目的。

2005年广东深圳龙岗区人民法院对某个"技术卧底"判处有期徒刑7个月。这是我国司法机关对"技术卧底"刑事处理较早的案件。

67．什么是保密费？

答：保密费也称为封口费，是有些企业为掌握企业核心技术秘密的高级技术专家、技师发放的经济津贴。

同时，保密费也是一种责任，它时刻提醒专家本人，不论是在职、返聘还是退休在家，都不能做损害企业利益的事情。

68．为什么高新技术企业不能随便接待参观者？

答：20世纪80年代，我国改革开放之初，处于东亚的一个邻国，来我国某省考察宣纸的技术。我国是"四大发明"的故乡，又有好客的传统。于是，主人"一股脑"地把技术"和盘托出"；客人在生产车间又是拍照摄像，又是索取资料。一年后，邻国企业生产的宣

二、技术秘密

纸成为世界一流的产品，而我国企业生产的宣纸市场份额在缩小、价格在降低，人们这时才恍然大悟，原来是一年前闯的祸。

高新技术有经济上的高附加值，它的拥有者在短期内可以获得高额的经济回报，仅看到这一点，并不全面；另一个特点是高新技术在当今更新换代很快，也就是其经济寿命很短；再一个特点是其技术秘密和技术关键很脆弱，"一张窗户纸——一捅就破"，在同行、内行面前更是如此。

因此，高新技术企业生产现场有严格的规定，不能随便接待参观者。

69．为什么失窃了没有进行认定的技术秘密不能立案？

答：没有进行认定的技术秘密是没有"户口"的"黑户"，从本质上讲不是技术秘密，因为没有履行必要的法律程序，因此不受保护。

在一次座谈会上，一位企业负责人介绍他所在的企业开发出一批科技成果。他催促技术负责人申请专利或认定技术秘密，技术负责人不同意，理由是申请专利后技术都暴露了，无法保守秘密。时间不长，这个技术负责人带着这些技术"跳槽"跑了，企业负责人找了司法机关，但司法机关表示无能为力。

· 65 ·

如果汽车失窃，第一时间要去公安机关报案，我们不能空手而去，要拿着一套材料，其中汽车行驶证是不可缺少的，这是汽车的"户口"。

同样，技术秘密也必须有"户口"，是正式的、履行了工作程序的文字文件。如果企业拿不出这份文件，只能说明这项技术秘密不存在，后面的要求也就无从谈起。

70. 技术秘密在企业中处于什么地位？

答：企业拥有的专利如同我们的私家车，企业拥有的技术秘密好像是家里的金银细软和存折，汽车有寿命，到时间要报废，专利也有寿命，到时间要终止。汽车的油料和养路费好似专利的年费，汽车是明的，亲戚、朋友和邻居都可以借用。专利也是明的，一旦授权一切技术方案都必须公开。而人们家里的金银细软和存折有多少，属于隐私，外人不知道，只有自己清楚。企业的技术秘密也同样，只有企业内部的极少数人知道。

因此，虽然专利和技术秘密都是技术研发者知识和智慧的结晶，是企业知识产权的重要组成部分。而笔者认为企业技术秘密的保护，比较起来更为重要，在科学技术高度发展的今天，技术秘密在企业发展过程中所做的贡献日益突出。

一项技术成果申请专利的好处在于，一旦申请被

二、技术秘密

授予专利权后就享有了独占性的权利。除法律另有规定外，未经专利权人同意，任何个人或单位都不得擅自使用，保护的力度较强。但一项技术成果申请专利后也有一些负面影响。例如，申请专利需要向公众公开技术内容，并且需要支付专利申请费和年费等费用。另外，专利权的保护是有期限性。发明专利权保护期为20年，实用新型和外观设计专利权的保护期限为10年，保护期满后即进入公知领域，他人可无偿使用。因此，通过技术秘密方式进行保护成为企业的另一个优化选择，它的根本优势在于：一是只要对该项技术进行有效保密，企业就一直拥有该项技术，可以一直从该项技术中获取利益；二是进入它的门槛比申请专利要低，要容易。一些目前还没有能力申请专利的企业应该先在本企业认定若干项技术秘密，初步形成本企业知识产权的基础体系。

鉴于上述特点，企业通常将对其发展具有举足轻重影响的、能够保守秘密的技术作为技术秘密进行保护，而不会申请专利。如前面提到的美国可口可乐公司，一百多年来对其拥有的可口可乐原液的主要配方一直是作为技术秘密严格保密，正因如此，其他竞争对手才无法生产出具有相同口味的饮料，可口可乐公司才有可能在全球范围内获取高额利润。

·67·

71. 为什么工艺配方可以认定为技术秘密？

答：工艺配方是技术秘密最擅长的领域。据记载，我国的云南白药已经有100多年历史。其配方一直保密，现在回想起来，在近代这几十年里，如果有一个"明白人"站出来，把它申请为我国专利和外国专利，以便"占领国际市场"，那么这个品牌肯定不是今天这个样子。幸亏没有出现这个"明白人"。

工艺配方在技术秘密中占据重要的位置，这是由于在这个领域中的发明创造最容易保守秘密。

72. 为什么技术图样可以认定为技术秘密？

答：技术图样属于结构方面的设计，有关这个领域人们的概念认为要申请专利保护。其实不然，有些情况可以认定技术秘密：

一是新的设计尚不成熟，或者不能立即试验其性能。如军用战斗机结构形状的改进，改进过程中的技术图样可作为技术秘密保护。

二是此创新虽然是技术图样，但在推广应用中可以保守其技术创新点，使用者和接触者难得要领。因此，也可以作为技术秘密处理。

73. 为什么试验数据可以认定为技术秘密？

答：试验数据是在专利保护范围之外的内容，即试验数据不可以申请专利，但是它可以作为技术秘密加以

二、技术秘密

保护。试验数据是在科技开发与创新中不可缺少的一个重要环节，大量科技人员为了研发一项科技成果，反复进行着枯燥、简单和重复的试验工作，从浩瀚的数据中得出需要的数据和参数，这是非常宝贵的技术资料。20世纪60年代，大庆油田没有输油管线，原油外输靠铁路罐车。当时三九严寒，为了不使原油凝固在罐内，要将原油进行加热，但加热到什么温度，是一个难题。大庆油田设计院的同志带着测量仪器、仪表，戴着狗皮帽子，穿着"道道服"和"大头鞋"，冒着零下30多摄氏度的严寒，跟在罐车上不断地测温。反复多次，得出了在极端气温条件下原油温度下降的规律，绘制了一条温度曲线。这些数据是避免油罐车发生原油凝固事故的基础性工作，是"货真价实"的技术秘密。

天津有一位企业家，原来是石油职工，后来因病内退，自己开发研制油田适用的产品。他看到油田油管腐蚀严重，就想如何把不锈钢的内衬管加到油管内部，两者要如何结合？显然是不能用化学物质黏合，因为这样不可能牢固。结果反复思考，他决定用"爆炸"的方式使两者结合，动力来源采用液化天然气。这时问题来了，液化气的比例浓度为多少，压力是多少才能实现爆炸？高了低了都不行。没有办法，只能依靠试验。他进行了反复的对比试验，浓度、压力逐步变化，最后得到了满意的结果，"爆炸"使不锈钢内衬管产生一些微量塑性变形，使其牢固地镶嵌在油管内壁，浑然一体，变成了防腐复合油管，大幅度提高了油管的使用寿命，这些数据当然也是技术秘密。

74．为什么技术诀窍可以认定为技术秘密？

答：技术诀窍是可以为创造者、拥有者和使用者获取经济利益的手段，因此可以认定为技术秘密。技术诀窍范围很广，有"硬件"，然而大量是"软件"，在我们的工作和日常生活中发挥着各自的作用。

全聚德烤鸭店的老总说过，全聚德从材料选择、调料配方到烤制工艺有若干技术诀窍。这些内容都属于技术秘密。

另外，购买宝石、玉器的技术诀窍，鉴别文物、字画、古玩的技术诀窍，中医诊断的技术诀窍等，这些都需要深厚的技术功底和实践经验，这些内容都属于技术秘密的保护范围。

75．为什么生产过程可以认定为技术秘密？

答：生产过程简称为工艺，是可以为创造者、拥有者和使用者获取经济利益的手段，因此可以认定为技术秘密。

2010 年中央电视台第 7 套节目的"致富经"中播出了题为"一亩地能产生 20 万元效益"的报道。一位台湾

二、技术秘密

的女士来到江苏创业，承包了村里的一大片荒地，其中有几个又大又深的废池塘。她养了许多牛，把牛粪放在池塘中沉淀，纤维类的捞出做纸箱子，剩余的粪水加入了从美国引入的生物制剂，控制温度和时间，制造为一种非常神奇的肥料——"神奇水"，用它浇地长出的油菜要比常规的高出一倍，产量增加80%。油菜的秸秆是牛的饲料，而牛粪又是肥料的来源和纸箱子的原材料，整个畜牧业和工业的有机结合，没有污水排放和空气污染，物尽其用。她经营的这个企业实现了"零排放"，良性循环，除了美国的生物制剂（笔者估计可能就是酵母之类的物质）保密外，其工业流程对外也是严格保密的。

20世纪60年代，各行各业涌现了许多先进人物、劳动模范，河北省承德地区出现了一个"大粪专家"叫孙喜，他是一个地地道道的农民，他从白面馒头发酵得到启发，大粪是否可以发酵？他不顾人们的说三道四，进行科学试验，在寒冷的冬天，挖了一个地窖，把大粪和牛粪、马粪、羊粪及田间的杂草及树叶等混合在一起，放了一些类似"小苏打"类的化学物质，奇迹出现了，这种复合肥料比传统的肥料肥力大增，庄稼长得特别好，产量提高。持否定意见的人们服气了，纷纷效仿，他成了"全国劳动模范"。其实，孙喜的思维方式同50年之后的这位台湾女士一脉相承。

· 71 ·

分析他们的做法是相同的，都是对于传统意义的肥料进行加工，控制几个参数，使其产生了化学变化，有了质的飞跃，这个过程就是技术秘密。而不同的是50年前的孙喜把这些技术秘密无偿地传授给了乡亲们，包括那些曾经讽刺挖苦过他的人。而这位女士则进行了保密，独自产生经济效益，这说明了社会发生了新的变化。

76．为什么技术情报可以认定为技术秘密？

答：技术情报信息在科技创新和研发工作中占有极为重要的地位。

人们知道，20世纪50年代，毛泽东、周恩来亲自出面策划，冲破重重阻力，钱学森终于回到了祖国的怀抱。而当时美国海军次长金布尔声称："钱学森无论走到哪里，都抵得上5个师的兵力，我宁可把他击毙在美国，也不能让他离开。"这是当时美国政界和军界对钱学森价值的评估。后来的实践证明，他们的判断正确。

当时的中央领导同志对钱学森在政治上充分信任，工作上放手使用。钱学森不负众望，为党和国家的事业创造了不朽的功勋。

此时正赶上中国制定12年科学规划，中央军委的意见是优先发展军用飞机，掌握制空权。而在征询钱学森的意见时，他却提出了相反的意见，认为军用飞机固然要发展，但当务之急还是应首先发展导弹。

二、技术秘密

钱学森教授继续认真分析说，军用飞机的困难在材料，而材料问题不是一下子就能解决的，得靠经验积累。飞机的材料至关重要，要能经受 10 年、20 年甚至更长时间的考验，而导弹的材料却是一次性的。所以，发展导弹就回避了尖锐的材料问题。其次，导弹有很高的速度，比声速还要快，导弹的速度可以到 10 马赫、20 马赫，是声速的 10 倍、20 倍，而超音速飞机最多也就是声速的两倍。导弹打飞机，一打一个准，飞机打导弹，根本没有可能。当然发展导弹也有很多困难，难点在于"看得清，打得准"。因此，他的结论是，"中国人搞导弹比搞军用飞机要容易"。

后来，在编制的《全国 12 年科学技术发展远景规划》中，中央接受了钱学森教授的意见。

钱学森教授能够提出这个"价值连城"的意见取决于他占据着大量的技术情报，由于他长期在发达国家高端军事科技单位工作，了解国际这一领域技术发展趋势和动态，因此做出了如此判断。这些内容是技术秘密的范畴。显然，它们肯定没有履行认证手续，都装在钱学森教授的脑海里。

77. 为什么新型复合材料可以认定为技术秘密？

答：新型复合材料在当今科技发展中占有突出的地

·73·

位，在许多关键行业和领域有不可替代的作用。由于新型复合材料的创新可以为创造者和拥有者带来经济、社会效益。因此，可以认定为技术秘密。

坦克在现代常规战争中占有举足轻重的地位，它在突击敌方阵营中具有不可替代的作用。第二次世界大战以来，世界各国都在努力发展坦克的装甲水平，以期更能抗击各种炮弹的打击。因此，正面的装甲厚度由最初的200毫米增加到300毫米、400毫米……但是新的矛盾来了，一味地加大钢板厚度，使得坦克重量大增，对其运移性的要求增加，驱动动力必须大幅度提高，油料消耗成倍上升，由此形成了恶性循环。因此科技人员就要进行科技开发，走出一条既不显著增加整车重量，又能抗击炮弹打击的装甲。

于是，"复合装甲"诞生了。德国、英国和苏联在20世纪七八十年代发明（开发）了复合装甲，即在两层装甲之间充填一种复合材料（其工艺配方是技术秘密，属绝密级）。这种材料不仅重量仅是钢材的几分之一，而且具有非常优越的防穿透能力，换句话说，就是比相同厚度的钢板还坚固，真是"两全其美"。只是有一点遗憾，材料价格昂贵，是钢材的若干倍。但是这阻碍不了装备部队，科技开发历来都是首先解决能否实现的问题，其次才是满足降低成本和商业化的要求。

二、技术秘密

由于坦克材料的保密性，即使在战场上被摧毁，其材料的成分以及工艺也很难掌握。因此，各国在这一领域均未采取申请专利的做法，而是采取技术秘密认定的手段。

78．技术秘密同专利的一致性是什么？

答：我国科技管理体系长期处于计划经济时代，在实施专利制度之前，科技开发产生的成果统称为科技成果。目前，这一习惯延续下来，技术秘密同专利统称为"科技成果"，与西方国家的"技术"是同一个意思。

首先，科技界对科技成果的表述比较文学性，是科技人员心血和汗水的结晶，是科技同经济结合的纽带和桥梁。而经济界对于它的表述就比较简洁，称"技术"为资产，是能够获得超额收益的资产。这是技术秘密同专利相同的第一点。

其次，技术秘密同专利都受到法律的保护。人们有时有一种模糊认识，认为只有专利受到法律保护，而技术秘密不受保护，这个认识是错误的，只要技术秘密履行了认定手续，同样受法律保护。

最后，技术秘密同专利两者在企业和社会上的地位相同，各有特长，各有用处，不可厚此薄彼，要并重。

79．技术秘密与专利的区别是什么？

答：技术秘密与专利的区别有以下几个方面：

（1）获取程序和获取方式不同：

技术秘密——企业行为，企业完全可以自主决定。

专利——法律行为，由国家授权。

（2）技术内容的状态不同：

技术秘密——内容全部保密，不公开。

专利——个别技术诀窍保密，主体内容必须公开。

（3）保护的范围不同：

技术秘密——由企业自己规定，范围比较广泛。

专利——在国家法律规定的范围之内。

（4）获取、维护的科技管理代价不同：

技术秘密——依靠国家法律与企业规章制度维护，几乎没有维护费用。

专利——依靠国家法律与企业规章制度维护，有代理费、申请费和专利年费等，维护费用逐年增加。

（5）技术的法律寿命不同：

技术秘密——由企业自己灵活制定，其中大部分同专利的法律寿命相同，有些可以根据实际情况在 20～50 年以上。

专利——实用新型、外观设计 10 年，发明 20 年。

（6）技术的实际寿命不同：

技术秘密——由于不公开，一些个别情况可以到 50 年以上。

二、技术秘密

专利——由于已经公开，实际寿命要小于法律寿命。

（7）认定、授权时间不同：

技术秘密——1～2天。

专利——实用新型4～12个月，发明12～36个月。

（8）认定、授权标准不同：

技术秘密——具有包容性，没有排他性，一项同样的技术能够在100个企业中被认定为100件技术秘密。

专利——不具有包容性，具有排他性，一项同样的技术只能够申请、授权一件专利。

（9）保护地域不同：

技术秘密——没有地域限制。

专利——有地域限制。

80．为什么说技术秘密比专利的保护地域大？

答：说起专利保护，必须弄清楚申请的是哪国专利。我国自20世纪80年代实施专利制度以来已受理了各类专利1000多万件，这些专利一旦授权，就受到我国法律的保护，其地域是在我国960万平方公里的范围内。这些专利如果要在外国取得保护，必须申请所在国家的专利。因此，一项重大的技术突破，应该申请美国、日本和欧盟的专利才可以在全世界较大范围内得

·77·

到保护。而技术秘密则不同，它在全世界范围内都会得到保护。例如，广东某股份制企业，有位员工跳槽后到国外定居生活。他把原来中国企业的技术秘密带出，并且以此获得收益。广东的企业通过律师告知其此举为侵权行为，应立即停止相关经营活动，否则追究其法律责任，并将此事备案到当地司法机构，此事获得妥善解决。

81. 为什么说技术秘密比专利的实际寿命长？

答：这是由于技术秘密没有公开的缘故。在我国，发明专利的法律寿命为 20 年。据有关部门统计，发明专利的实际寿命为 6～7 年，实用新型专利的法律寿命为 10 年，实际寿命为 3～4 年，外观设计的寿命更短。同时，专利的实际寿命在我国有逐年缩短的趋势，查其原因是多方面的。其中之一就是专利在授权时其技术方案已经公开，一些企业已经掌握了相关内容，甚至有可能在此基础上进行了扩展和开发。

专利的实际寿命缩短，对于发明人和专利权人来说是一件坏事，而对于社会进步却是一件好事。因为专利的实际寿命缩短，加快了科技进步的速度。而技术秘密就不同了，由于在认定过程中不需要公开技术内容，其核心技术可能保密几年，也可能保密几十年

· 78 ·

二、技术秘密

甚至上百年，做到"永葆青春"。可口可乐做到了这一点，云南白药做到了这一点，同仁堂的牛黄清心丸也做到了这一点。

82. 为什么说技术秘密具有相容性而专利不具备？

答：这是由两者的性质决定的。专利申请是一种法律行为，在向国家知识产权局递交了各种法律文件之后，要依照法律履行相关程序，即进行各个阶段的审查。专利的新颖性决定了它的排他性，即一种科技成果（技术）只可以申请一项专利。如果前面已经有人申请了，根据"先申请原则"，其他人就不能再申请。

技术秘密则不同，它是一种企业行为，不需要向国家任何部门申请、备案以及得到他们的批准，只要本企业认定即可。通俗地讲，只要认为它对企业有效益、有用处、应该保密就可以认定为本企业的技术秘密，履行必要的手续或程序，别人无权干涉。由于不公开，对外严格保密，在企业内部无关人员也不清楚。这种工作程序决定了它具有相容性。例如，一项技术内容完全相同的科技成果（技术）可能在100个企业甚至1000个企业中被同时认定为本企业的技术秘密，这很正常。企业保护各自的技术秘密，互不矛盾，互不干扰，均受法律保护。

· 79 ·

83. 为什么说技术秘密与专利具有同样的法律地位？

答：我国有关知识产权领域的相关法律体系正在不断完善和健全。目前国家已经明确规定，侵犯企业技术秘密同侵犯专利权是属于同一性质的侵权行为，技术秘密完全受我国及世界各国的法律保护，与专利具有相同的地位。

84. 为什么不应该对保守技术秘密的人有成见？

答：20世纪50年代，我国纺织工业领域出现了许多以人的名字命名的"工作方法"。在西安、上海和北京，纺织行业形成了"比学赶帮"的热潮，不断刷新着工作效率和速度，国家的新闻媒体大量报道这些先进事迹。严格地说，这些"工作方法"都是技术秘密范畴之内的典型具体实例，都符合不为人所掌握和能带来经济物质效益的要求，只是当年没有进行认定，向来取经参观的客人毫无保留地公开了。

时间改变一切，改革开放使我们国家发生了天翻地覆的变化，人们的思想观念上也遭受了巨大的冲击。很多农民不再愿意把果树培育的诀窍告诉他人。油田的一些边缘井经常会承包给父子或夫妻，这样既便于管理又节省了成本。由此引出了一个有趣的现象，一旦承包，

二、技术秘密

承包人在不改变原来任何生产装置和设施的情况下，仅是改变了一些生产工艺参数，如抽油机的冲程、冲次，改变了一些生产方式。例如以前是连续生产，现在为间歇生产，则出现了明显的变化，产量增加了，能耗下降了，甚至有时含水率也下降了。而当人们问起原因时，承包人对这些具体措施则吞吞吐吐，不愿细说，人们又会认为他们太保守了。

进入新的社会发展时期，对于这些现象应该有一个客观的分析，重新定位。在商品经济、市场经济条件下，社会不能要求创造和开发技术秘密的人把内容必须公开，让全社会的人们分享，因为这些技术秘密的拥有者为此付出了劳动和代价。

85．技术秘密认定书的格式是什么？

答：以下是一份技术秘密认定证书的样本。

技术秘密认定证书

编号：2017—001

单位 _____

技术秘密名称：

认定日期：

三、技术秘密

技术秘密名称：

发明人		级别		密级（绝密、机密）	
涉及范围及知情人					

技术秘密简介：

技术秘密有关键点：

采水样置及专项知识问答

项目负责人签字（签章）：   日期：

你的建议：

计送专家签凹：

专家签字：   日期：

二、技术秘密

单位审查意见：
负责人签字（盖章）： 日期：
使用情况和经济效益：
对外许可使用和转让情况：
效益提成情况：

86. 技术秘密认定内容是什么？

答：要形成一份技术秘密认定证书，类似技术鉴定证书。应该包括以下内容：

（1）技术秘密的名称。

（2）技术秘密的编号。

（3）技术秘密的秘级。

（4）技术秘密的完成人。

（5）技术秘密的核心和关键点。

（6）技术秘密的涉及范围及知情人。

（7）技术秘密的保密期限。

（8）技术秘密的保密承诺。

（9）认定专家意见。

（10）单位审查意见。

（11）技术秘密的使用情况和经济效益。

（12）技术秘密的对外许可使用和转让情况。

（13）技术秘密的效益提成情况。

87. 认定技术秘密的专家为几人？对专家的具体要求是什么？

答：认定一项技术秘密需要聘请外单位 2～3 名认定专家。对专家的具体要求包括：

（1）应具备高级技术职务。

（2）熟悉认定技术秘密专业领域的技术发展情况。

二、技术秘密

（3）具有良好的职业道德。

（4）有保密的责任。

88. 职工签订的保密协议是否可以替代技术秘密的认定？

答：随着社会的发展进步，企业对自身的商业秘密和技术秘密极为重视，无论是国有企业还是股份制企业，新员工开始工作之前都要签订保密协议。

技术秘密认定是企业针对一项具体的技术秘密履行的必要手续，它与签订保密协议的性质不同，因此两者不可混淆，更不能相互替代。

89. 技术秘密认定专家如何保密？

答：技术秘密认定专家在进行技术秘密认定工作中无疑会接触技术秘密的内容，除了要求他们具有良好的职业道德并承担相应的保密责任外，企业如果认为有必要，可以同认定专家签订保密协议。

90. 为什么准备认定技术秘密的成果不能发表技术论文？

答：这是为了保证国家、企业的技术秘密不泄漏而做出的规定。任何科技成果，不论是准备认定技术秘密，还是申请专利，在未进行上述工作时，一律不能发表技术论文。因为一旦发表，其关键技术已变为公知技术，无密可保，没有商业价值了。技术秘密成果自始至

·87·

终不能发表论文，而申请专利的成果可在专利授权之后酌情发表。

20世纪50年代，我国为了发展"两弹一星"，集中了一批国内最优秀的科学家、技术专家，进入茫茫沙漠、戈壁，隐姓埋名，从事着连他们自己家人都不了解的事业。他们在几十年的时间内，没有发表任何一篇论文和专著，这是国家利益的需要。以至于他们在国外的学生、老师和朋友们都以为他们在世界上"蒸发"了。

因此，为了国家和企业的利益，技术秘密研发人员不能就其核心技术撰写和发表论文，一直到技术秘密解密为止。

91. 什么是现有技术？

答：现有技术也可以称为常规技术，在我国专利法意义上的现有技术应当是目前社会公众可以不花费经济代价就能够获得和使用的技术。根据《中华人民共和国专利法实施细则》的规定，"申请日起在国内外出版物上发表，在国内公开使用或者以其他方式为公众所知的技术，即为现有技术"。

现有技术也是非专利技术的一种，需要注意的是并不是所有非专利技术都是现有技术，前面提到的技术秘密就是其中的例外。

二、技术秘密

92. 企业的专利一经授权，就被别人模仿和使用怎么办？

答：2013 年 3 月 28 日，笔者在西北地区一家科研院所交流座谈知识产权工作，参加者上百人。其中有一位同志提出了一个问题，我们单位每年申请的几十项专利，一经国家授权后，单位周围的民营企业马上生产出了同类产品，因为他们可以轻而易举地看到这些专利的各类技术文件，掌握其中的核心技术。这怎么办？显然，这是一个棘手的问题，也是企业客观存在的具体实际问题。因此笔者没有回避，坦诚地提出了我的看法。

处理这种情况可以归纳为三个方法：一是采取法律的手段，同这些侵权的企业和个人"打官司"，责令他们停止侵权，停止生产，赔偿损失……但是这样做的结果可能是花费了大量人力、物力后仍然得不到满意的结果，因此，许多人在尝试了这种方法后都采取了放弃。二是这家企业目前采取的方法，就是"不作为"的方法，也是"没有办法的办法"，和大多数企业都采用的办法。我理解这些企业的难处，我并不是简单地认为这就是"不作为"，同时设身处地的考虑，如果笔者在这个工作岗位上也只能这样做，没有其他的选择。三是笔者推荐的方法，就是把我们知识产权产品的方式变换一下，把大量需要技术保密的技术（例如这个单位的专

·89·

利大多是产品配方）可以由申请专利变为采取技术秘密认定的方式，这样就可以有效地杜绝前面提到的情况出现。

93. 技术秘密和专利哪一个更重要？

答：技术秘密和专利同样重要。

技术秘密是企业"隐蔽的资产"，专利是企业"公开的资产"，各有不同和侧重，相互不可替代。但相对来说技术秘密要更重要些。

前面曾经提到，我国几十万家企业有90%以上没有一项专利，其原因是多方面的，其中之一就是申请专利是一项法律行为，不是一经申请就可以授权，需要一系列的过程和手续。许多企业和发明人在几次申请未果之后就失去信心，放弃了专利的申请。从这个角度看，技术秘密比专利的"门槛"低。它是一种企业行为，是由本企业决定的。因此，在没有专利的情况下，可以尝试先拥有技术秘密，在条件成熟的情况下，再申请专利。从某种意义上看，技术秘密是专利的基础。

从国外的一些知名企业看，其技术秘密同专利的比例为10：1甚至是100：1，即技术秘密的数量数倍、数十倍超过专利，这说明其地位的重要。

三、专利申请

94. 什么是专利？

答：在知识产权制度中，专利占有重要的地位，专利也是专利法中最基本的概念。公众对它的认识一般有三种含义：一是指专利权；二是指受到专利权保护的具体的发明创造（也可以指对产品、方法或者其改进所提出的新的技术方案）；三是指专利文献。其中专利权是最核心的概念。

我国专利权是指由中华人民共和国国务院专利行政部门即中华人民共和国国家知识产权局，依照中华人民共和国的有关法律法规，对符合授权条件的专利申请人，授予一种持有和实施其发明创造的专有权利。这种权利受到法律的保护，不受任何单位和个人的侵犯。除法律另有规定的以外，任何人要实施该专利，必须得到专利权人的许可，并按双方协议支付使用费，否则就是侵权。专利权人有权要求侵权者停止侵权行为，有权要求侵权者赔偿专利权人的经济损失。如果对方拒绝赔偿，专利权人可以请求政府专利行政部门处理并可以向人民法院起诉。

技术秘密及专利知识问答

归根结底专利权是私有制的产物，是一种物质权力，也是一种私权。它不同于有形资产，属于无形资产，在发达国家，创建中、小型科技创新企业时，唯一的资产就是专利技术，利用专利权可以到银行办理抵押贷款。

专利权具有明显的时间性、地域性和公开性。所谓时间性是指不论是在我国，还是在世界上实施专利制度的任何国家，一项发明创造不可能无限制地给予法律保护，一旦超出时间限制，这项技术就变成了一项常规技术，即变为全社会的公共财产，任何单位任何个人都可以无偿地使用。所谓地域性是指在一个国家申请授权的一项专利只能在这个国家的国土范围有效，在其他国家没有任何保护作用，这当然不是一件令发明人高兴的事情。每个国家所授予的专利权都是相互独立的。另一个特点是公开性。申请人如果把自己的专利构想锁在一个黑盒子里去申请肯定不行，专利权的获得，必须依法通过专利申请和授权的各个环节，必须将该技术方案在专利要求书和说明书中充分公开，其公开的程度应能使该技术领域的一般技术人员能够实施该专利技术，并配合图片和照片，划定保护范围。而这些公开的内容是支持其专利存在的唯一法律依据，也是专利申请文件的主要组成部分，一旦被国家知识产权局审查通过并且授权后，将依法公告，这些材料就是专利文献。

95．什么是发明专利？

答：我国专利法明确规定，可以获得专利保护的发明创造有发明、实用新型和外观设计三种类型。其中发明专利是最主要的一种，因此首先要了解什么是发明。多数国家的专利法没有明确规定"发明"的定义，至于学者对发明的定义则是众说纷纭。全面了解和分析各国专利法对发明的定义后，一般可以认为，发明是发明人运用自然规律提出解决某一特定问题的技术方案。所以我国专利法实施细则中指出"专利法所称的发明是指对产品、方法或其改进所提出的新的技术方案"。发明人只有将这种技术方案向国家知识产权局提出申请，并且通过一系列严格的审查，特别是新颖性、创造性和实用性的审查，对符合规定的发明专利申请授予专利权。申请人还应按期办理登记手续和缴纳当年专利年费，这项发明专利申请才能正式成为一项具有专利多种属性的发明专利。

需要指出，发明不同于发现。发现是揭示自然界已经存在的但尚未被人们所认识的自然规律和本质，而发明创造则是运用自然规律或本质去解决具体问题的技术方案。发现是不能获得专利的，只有发明才能获得专利。还应当指出，我国专利法中所指的发明仅是一项解

·93·

决某一特定问题的技术方案，尽管这种技术方案的构思在获得专利权时，还没有经过实践证明可以直接用于工业生产，所以这是一种无形的知识财产。但也不能将这种技术方案的构思与那些只是单纯地提出技术名称和设想，或者仅表示一种愿望，至于究竟如何实现并没有具体明确的办法，也不具备将来有实现的可能性的愿望相提并论。显然，后者是不能成为专利法中所称的发明。

我国专利法所称的发明分为产品发明（如机器、仪器、设备和用具等）和方法发明（制造方法和操作使用方法）两大类。对于某些技术领域的发明，如疾病的诊断和治疗方法、原子核变换方法取得的物质等都不授予专利权。计算机软件的发明，则要视其是否属于单纯的计算机软件或能够与硬件相结合的专用软件，并加以区别对待，后者是可以申请专利保护的。至于涉及微生物的发明也可以申请发明专利，但要按期提交微生物保藏证明。

96．什么是实用新型专利？

答：根据《中华人民共和国专利法实施细则》规定："实用新型是指对产品的形状、构造或者其结合所提出的适于实用的新的技术方案。"可见，实用新型也是技术方案。这与发明有相同之处，但在其他方面有着重要的区别。第一，实用新型仅限于产品，工艺方法不属于实用

·94·

三、专利申请

新型；第二，实用新型必须具备一定的形状或构造，或者是两者的结合；第三，实用新型的创造性要求低于发明；第四，授予实用新型专利权不经过实质审查，且审批手续比发明简便，因而审批周期短，费用低，专利权保护期限也短，所以有一定形状的初级发明创造，特别是更新周期比较快的技术，申请实用新型为宜。

97. 什么是外观设计专利？

答：外观设计是指对产品的形状、图案、色彩或其结合所作出的富有美感并适于工业上应用的新设计，这是专利法实施细则中明确规定的。因此，外观设计专利的保护对象是产品的装饰性或艺术性的外形外表设计，这种设计可以是平面图案，也可以是立体造型，更常见的是二者的结合。这里强调的是这种装饰性或艺术性的外形外表设计必须应用于某一具体产品上。这就是它与绘画和工艺美术作品的区别所在。商标是一个具体的区别产品的标志图案，根本不涉及产品本身的形状和结构，并且是以文字为主体，所以商标图案不能申请专利。不具备工业品的自然物，或者说把自然物作为外观设计的主体，显然自然物是不能进行批量生产的产品；不能在工厂组装的建筑物、桥梁等；不能作用于视觉或者用肉眼难以判断的物品，如集成电路块或放大镜下观察到的图案，这些均不是外观设计的保护对象。

· 95 ·

98．怎样判断发明或者实用新型专利的新颖性？

答：发明或者实用新型能否授予专利权首要的实质性条件，就是判断该专利申请是否具有新颖性。申请人在提交专利申请之前，要对其发明创造的新颖性作广泛调查，对其是否具有新颖性有正确的判断。新颖性的判断要满足下列条件：

（1）在专利申请提交前，没有同样的发明创造在国内外出版物上公开发表过。这里的出版物，不仅包括书籍、报刊等纸件，也包括录音带、录像带及唱片等音像制品。

（2）专利申请提交前，在国内没有公开使用过，或者以其他方式为公众所知。所谓公开使用过，是指以商品形式销售，或用技术交流等方式进行传播、应用，以至通过电视和广播为公众所知。

（3）在该申请提交前，没有同样的发明创造由他人向国家知识产权局提出过专利申请，并且记载在申请日以后公布的专利申请文件中。

99．怎样判断发明或者实用新型专利的创造性？

答：发明或者实用新型要获得专利权，必须具备创造性。根据《中华人民共和国专利法》规定，一项发明创造的创造性必须满足下面两个条件：

（1）同申请日以前的已有技术相比有突出的实质性特点。

（2）同申请日以前的已有技术相比有显著进步。

显然，同申请日以前的已有技术相比，这是判断新颖性的时间标准。但一项发明具备了新颖性，不一定就有创造性。因为创造性侧重判断的是技术水平的问题，而且判断创造性所确定的已有技术的范围要比判断新颖性所确定的已有技术范围窄一些。

突出的实质性特点是指发明创造与已有技术相比具有明显的本质的区别。也就是说，该发明创造不是所属技术领域的普通技术人员能直接从已有技术中得出构成该发明创造的全部必要的技术特征。

显著的进步是指该发明创造与最接近的已有技术相比具有长足的进步。这种进步表现在发明创造克服了已有技术中存在的缺点和不足，或者表现在发明创造所代表的某种新技术趋势上，或者反映在该发明创造所具有的优良或意外效果之中。

根据《中华人民共和国专利法》规定，"实用新型的创造性，是指同申请日以前已有技术相比，该实用新型有实质性特点和进步"。这里可见发明创造"突出的"和"显著的"就是判断发明和实用新型创造性的区别所在。

·97·

100．怎样判断发明或者实用新型专利的实用性？

答：实用性是发明或者实用新型专利申请授予专利权的又一必要条件。根据《中华人民共和国专利法》规定："实用性，是指该发明或者实用新型能够制造或者使用，并且能够产生积极效果。"能够制造或者使用，是指发明创造能够在工农业及其他行业的生产中大量制造，并且应用在工农业生产上和人民生活中，同时产生积极效果。这里必须指出的是，我国专利法并不要求其发明或者实用新型在申请专利之前必须经过生产实践，而是分析和推断它们在工农业及其他行业的生产中是否可以实现。

101．从 1985 年 4 月 1 日我国实施专利制度以来，我国国家知识产权局受理了多少件专利申请？

答：截至 2016 年 12 月 31 日，中国知识产权局受理专利申请总量已经突破 2100 万件。其中发明专利 7696363 件，实用新型专利 8160960 件，外观设计专利 5919782 件。

102．从 1985 年 4 月 1 日我国实施专利制度以来，我国发明专利拥有量有多少件？

答：截至 2016 年 12 月 31 日，我国发明专利拥有

·98·

量为 110.3 万件，这是继美国和日本之后，世界上第 3 个拥有发明专利突破百万件的国家。

103．申请一件中国专利要花费多少钱？

答：2017 年 2 月 9 日，国家发展改革委、财政部以法改价格（2017）270 号文件的形式通知重新核发国家知识产权局行政事业性收费标准。

该通知自 2017 年 7 月 1 日起执行，原有关规定废止。专利收费标准国内部分见附件 1。

104．如何申请外国专利？

答：中国人在国内完成的发明创造只有先在我国办理了专利申请手续，才可以向外国申请专利。

中国的企事业单位在向国家知识产权局提出专利申请后，如果决定向外国申请专利，应当向国务院有关主管部门（即按行业归口的国务院有关部、委、局或集团公司等）提出向外国申请专利的请求。经审查同意后，才可以向外国申请专利。

中国公民在向国家知识产权局就其非职务发明创造提出专利申请后，如果决定向外国申请专利，应当向国家知识产权局提出请求。经审查同意后，才能向外国申请专利。

向外国申请专利，应委托国务院指定的涉外专利代理机构办理，委托的程序、费用与办理中国专利大致

· 99 ·

相同。所不同的是还要多付一份钱给目的国的外国代理机构，所以总的费用要高得多。可选择的申请渠道有两种：一种是直接向目的国提出申请，再一种是通过国际专利申请。

向国外申请专利，主要的目的是占领国际市场，禁止其他国家企业和人员任意使用。但是由于不同的国家有不同的政治和法律制度，市场状况非常复杂，所以在申请前要针对各国专利法律制度的差异性和司法的独立性，做好市场分析和风险评估。一般情况，在国外专利申请评估中要涉及目的国的如下内容：

（1）了解目的国已参加的国际条约。至少应考虑目的国是否已加入 WIPO，WTO 和 PCT，主要是考虑能否取得相应的国民待遇以及将来发生纠纷的国际协调等。

（2）了解目的国专利法。对目的国专利保护的客体、审查流程进行了解，主要是考虑发明创造在目的国授权的可能。

（3）了解目的国市场前景。向国外申请专利的主要目的是为了保护产品和技术的出口，占领国外市场。只有当发明创造有较好的国际市场，有较大的竞争能力时，才有必要申请外国专利。

（4）了解目的国司法保护力度。对目的国的政治体

三、专利申请

制和司法制度进行了解，其次是目的国侵权的信息的反馈渠道是否容易把握，主要考虑是否容易发生侵权，一旦发生侵权能否取得补偿。

向国外申请专利，要承担一定的风险，所以要慎重决策，必要时可请专门的机构评估。

105．什么是国际专利申请（PCT）？

答：国际专利源于《专利合作条约》，其宗旨是为了简化在国家之间相互申请专利的手续，条约于 1970 年在美国订立并于 1978 年 1 月 24 日正式生效。中国于 1994 年 1 月 1 日加入该条约，中国专利局成为《专利合作条约》的受理局、指定局和选定局、国际检索单位和国际初审单位，中文成为《专利合作条约》的正式工作语言。通过《专利合作条约》可以统一规范申请的手续，但专利的批准授权，仍然要由各国根据其本国专利法的规定进行审批。

PCT 的主要目的在于，简化以前确立的在几个国家申请发明专利保护的方法，使其更为有效和经济，并有益于专利体系的用户和负有对该体系行使管理职权的专利局。在引进 PCT 体系前，在几个国家保护发明的唯一方法是向每一个国家单独提交申请。这些申请由于每一个要单独处理，因此，每一个国家的申请和审查都要重复。为达到其应有的目的，PCT 提出：

· 101 ·

（1）建立一种国际体系，从而使以一种语言在一个专利局（受理局）提出的一件专利申请（国际申请）的申请人在其申请中（指定）的每一个 PCT 成员国都有效。

（2）可以由一个专利局，即受理局对国际申请进行形式审查。

（3）对国际申请进行国际检索，并出具检索报告，说明相关的现有技术（与过去的发明相关的已出版的专利文献），在决定该发明是否具有专利性时可以参考该报告，该检索报告应首先送达申请人，然后公布。

（4）对国际申请及其相关的国际检索报告，进行统一的国际公布并将其传送给指定局。

（5）提供对国际申请进行国际初步审查的选择，供专利局决定是否授予专利权，并为申请人提供一份包含所要求保护的发明是否满足专利性国际标准的观点的报告。

据国家知识产权局最新统计数据显示，2016 年，国家知识产权局共受理通过《专利合作条约》（PCT）途径提交的国际专利申请 4.5 万件，较上年增长 47.3%，创历史新高。

106．PCT 的费用是多少？

答：2017 年 2 月，国家发展改革委、财政部下发通知，重新核发国家知识产权局行政事业性收费标准。

三、专利申请

该通知自 2017 年 7 月 1 日起执行，原有关规定废止。PCT 专利申请收费标准见附件 2。

107．什么是分案申请？

答：申请专利的发明创造不符合《中华人民共和国专利法》关于"一件发明或实用新型专利申请应当限于一项发明或实用新型"，"一件外观设计专利申请应当限于一种产品所使用的一项外观设计"的规定，应当由申请人自动提出，或根据国家知识产权局审查员的要求，将该申请分成两件或两件以上的符合单一性规定的专利申请。这就是对专利申请进行分案，分案的结果就产生了分案申请。

提出分案申请的，应当在请求书的分案申请栏内填写原申请的申请号、申请日。原申请号的申请日即为分案申请的申请日。

分案申请不得改变原申请的类别，提出分案申请的申请人应当是原申请的申请人，分案申请的内容不得超出原申请文件的范围，否则予以驳回；分案申请可以按审查员的通知要求提出，申请人未在审查员要求的期限内提出的，其原申请被视为撤回；要求优先权的分案申请，享有原申请的优先权日，申请人应当同时提交原申请的申请文件副本；分案申请的申请费，应以原申请日为计算起点，必须应在提出分案申请日起，两个月内缴

· 103 ·

纳已经到期的多种费用。

108. 什么是外国优先权和本国优先权？

答：在填写要求优先权声明一栏时，应仔细了解有关优先权问题的知识。

优先权分为外国优先权和本国优先权。外国优先权是指申请人就同一发明或者实用新型在外国第一次提出专利申请之日起12个月内，或者就同一外观设计在外国第一次提出专利申请之日起6个月内，又在中国提出申请的，中国应以其在外国第一次提出申请之日（即优先权日）为申请日。本国优先权是指申请人就相同主题的发明或者实用新型在中国第一次提出专利申请之日起12个月内，又向国家知识产权局提出申请的，可以享有优先权。本国优先权不包括外观设计专利。优先权的设立，方便了申请人，使申请人不仅有了一年的时间可以从容地向其他国家提交专利申请或向国家知识产权局再次提出申请，而且该申请人还可以在提交申请时，在其原始申请的基础上，对其原始申请保护的技术方案做出改进，或在保证发明单一性的原则下，把几个相关的申请（发明或者实用新型）作为一项申请提出。这种制度有效地保护了申请人的合法权益，避免或减少了不必要的重复申请。特别是本国优先权，更是极大地方便了申请人。

· 104 ·

三、专利申请

109. 要求外国优先权和本国优先权应提交哪些文件并办理哪些手续？

答：申请人要求外国优先权和本国优先权的，必须在专利请求书"要求优先权声明"栏内填写第一次提出专利申请的申请日、申请号和受理该申请的国家。如果未写明申请日和受理国，则该要求优先权声明视为未提出。申请人未在专利申请递交的同时提出要求优先权声明的，一律视为未要求优先权。要求优先权声明，不允许在申请提交后补交。要求外国优先权后，申请人应自申请日起 3 个月内提交第一次在国外专利申请文件的副本，该副本还应当经该国受理机关证明。国家知识产权局认为必要时，可以要求申请人在规定的期限内，提交有关的中文译文。逾期未提交申请文件副本的，视为未提出该项要求。申请人要求本国优先权时，在先申请文件的副本由国家知识产权局负责制作。

要求外国、本国优先权时，申请人不仅要提交上述多项文件，而且还应当按优先权项数缴纳优先权要求费。期满未缴纳或者未缴足费用的，视为未要求优先权。

110. 要求本国优先权时还应注意什么？

答：要求本国优先权时，除提交上述文件和缴费外，还应该注意下面几个问题：

（1）在先申请的申请人和要求本国优先权的请求人

·105·

应是同一人。如果不是同一人，本国优先权的请求人应在提出要求优先权声明的同时，提交与在先申请的申请人签订的转让合同副本或其他受让或继承文件的副本。

（2）在先后两件申请中所涉及的技术主题应是一致的。

（3）一件已经要求过优先权的申请，不能再作为本国优先权的基础。但一项本国专利申请，可以要求两项以上的本国优先权。

（4）已经被授予专利权的申请，不能再作为本国优先权的基础；分案申请不能作为本国优先权的基础。

（5）本国优先权一旦成立，作为本国优先权基础的在先申请即被视为撤回，且不能再恢复。

（6）发明与实用新型专利申请可以要求本国优先权，也可以互为对方的本国优先权的基础。外观设计专利申请不能要求本国优先权。

111. 优先权日和申请日有区别吗？

答：申请日是指国家知识产权局收到专利申请文件的日期。它可以是申请时面交日，也可以是申请时邮寄日，还可以是申请人通过 PCT 途径申请国际专利的国际申请日。这个日期是判断申请先后的唯一法律依据，也是判断专利性条件的时间标准。优先权日通常是指作为外国优先权或者本国优先权基础的首次申请的申请日。

· 106 ·

三、专利申请

当在后申请要求优先权成立时，该在后申请的申请日就是指的优先权日。当然，优先权不成立时，该案的申请日就是申请面交日或邮寄日。享有优先权的专利申请，在年度期限的计算上，申请日指的就是优先权日，以优先权日作为年度计算的起始日。

112．什么是《发明专利申请优先审查管理办法》？

答：国家知识产权局公布了《发明专利申请优先审查管理办法》。根据内容，该办法在遵循按序审查的基本原则下，为具有重要经济和社会影响、具备相当发明高度的战略性新兴产业和绿色技术的重要专利申请建立了一条专利审批快速通道，将有助于进一步加快重要科技成果转化，培养和发展战略性新兴产业和绿色技术。国家知识产权局将根据申请人的请求，对符合条件的发明专利申请进行优先审查，自优先审查请求同意之日起30个工作日内发出第一次审查意见通知书，并在一年内结案。

该办法对予以优先审查的发明专利申请的范围作了详细规定，即涉及节能环保、新一代信息技术、生物、高端装备制造、新能源、新材料、新能源汽车等技术领域的重要专利申请；涉及低碳技术、节约资源等有助于绿色发展的重要专利申请；就相同主题首次在中国提出

·107·

专利申请又向其他国家或地区提出申请的该中国首次申请；其他对国家利益或者公共利益具有重大意义需要优先审查的专利申请。而国家知识产权局与其他国家或地区专利审查机构签有专利审查高速路（PPH）、中欧合作协议等双边或多边合作协议的，专利申请的优先审查事项按照相关协议处理，不适用该办法。

根据该办法的要求，请求优先审查的发明专利申请必须采用电子申请形式提交，应当启动实质审查程序。申请人需要提交《发明专利申请优先审查请求书》等相关材料来办理优先审查手续，申请人答复审查意见通知书的期限为 2 个月。若申请人未能在期限内答复的，国家知识产权局将停止优先审查，按一般申请处理。

113．申请专利时应向国家知识产权局提交哪些申请文件？

答：专利申请文件是审查员依法审查的依据。所以提交合格的申请文件，即清晰、安全、符合规定的申请文件是非常重要的，合格的申请文件有利于审查工作的顺利进行。在依法律程序进行审批后，能较快地获得专利权。

发明和实用新型专利申请应提交的文件基本上相同，包括：请求书、说明书、说明书附图、权利要求书、说明书摘要及其附图。但发明专利申请在必要时才

三、专利申请

提交说明书附图，而实用新型专利申请则一定要提交说明书附图。

外观设计专利申请应提交的文件包括：外观设计专利请求书、外观设计图或照片，必要时还应提交外观设计简要说明。以上申请文件必须一式两份，一份为原件，一份为复印件。

除上述必须提交的文件外，根据情况需要，还可以提交其他附件。例如，费用减缓请求书、专利代理委托书、要求提前公开声明以及实质审查请求书等。

专利申请文件标准格式均由国家知识产权局统一制订。

114. 申请发明专利如要求提前公布应该怎么办？

答：根据《中华人民共和国专利法实施细则》规定，"申请人请求早日公布其发明专利申请的，应当向国家知识产权局提出声明"。因此，申请人请求提前公布其发明专利申请的，应当填写并提交国家知识产权局统一制定的"要求提前公开声明"。实际上，这一声明在提交发明专利申请时就可以与申请文件同时提交。国家知识产权局收到声明后，经初步审查认为该发明专利申请合格后，将及时予以公布。

·109·

115. 什么是专利年费？

答：专利权人自授予专利权的年度开始，直至专利保护期限届满、专利权终止，每年都要向国家知识产权局缴纳一定数量的费用，这种费用就是专利年费。缴纳专利年费既是专利权人的义务，又是在法律范围内维护专利权的基本条件。

专利申请授予专利权后，申请人在办理登记手续时，应当缴纳专利登记费和授予专利权当年的年费。授予专利权的发明专利申请，已经缴纳了当年申请维持费的，可以不再缴纳当年的专利年费。以后的年费应当在前一年度期满前一个月内预缴。这是由于专利年度是从申请日起算，因此申请人应在每年申请日的相应日期以前一个月内预缴下一年度专利年费。

不论由于什么原因，专利权人没有按时缴纳年费，国家知识产权局会给专利权人发出一个通知，指定当事人在规定的时间内补缴年费。此时，除了年费之外还要缴纳一定数量的滞纳金，即支付没有按时缴纳年费的代价。如果专利权人没有抓住这个最后的机会，在规定的时间仍然没有缴纳费用，国家知识产权局再次通知专利权人时，您的专利已经失效。此时，您已经受到国家法律授权保护的一切权利，已经全部丧失。

这里需要说明，国家知识产权局是国务院的一个职能部门，一直采取"收支两条线"的财务制度，每年收到的年费均全部上缴国库。维持它日常工作的各种费用，均由国务院拨付。

116．什么是"官费"？

答："官费"是知识产权领域内的一句行话，是指在专利代理、申请、授权和维持整个过程中，包括年费在内缴给国家有关部门的各种费用总和的简称。与之对应的是私费，指代理费用，是专利代理机构收取的费用。

117．为什么规定专利年费越来越高？

答：首先，前面提到，全世界400多年的专利发展历史证明，实施专利制度的目的不是鼓励专利权人技术垄断，而是鼓励专利权人抓紧时间，积极实施、应用和推广其发明创造。其次，专利制度也为他人实施专利技术创造了有利的条件。年费收取标准就充分体现了这一点。

根据国家知识产权局规定，目前执行的年费收取标准见下表。

保　护　期	年费，元
（一）发明专利	
1～3年	900
4～6年	1200
7～9年	2000

续表

保 护 期	年费，元
10 ～ 12 年	4000
13 ～ 15 年	6000
16 ～ 20 年	8000
（二）实用新型	
1 ～ 3 年	600
4 ～ 5 年	900
6 ～ 8 年	1200
9 ～ 10 年	2000
（三）外观设计专利	
1 ～ 3 年	600
4 ～ 5 年	900
6 ～ 8 年	1200
9 ～ 10 年	2000

从此表可以看出，一项发明专利从第 16 年起，每年就要交纳 8000 元人民币的年费，已经是第一年年费的近 9 倍。这可不是一个小数字，此时专利权人如果没有该专利技术的收入，恐怕就不会以如此高的代价来维持该专利的法律寿命了。这也是前面提到的为什么有一些专利没有到期就中止的主要原因。

118．我国的专利申请号码代表什么？

答：在国家知识产权局的工作规范中，为了便于审

三、专利申请

查程序的管理及专利文献的使用，制定了专利申请号码的编排方法。在 2003 年 9 月 30 日以前曾采用 8 位阿拉伯数字加校验码的编排结构，例如，90101673．×。前两位数字取申请当年年号的后两位，表明该专利是 1990 年申请的。第三位数字表示申请专利的类别："1"代表发明专利；"2"代表实用新型专利；"3"代表外观设计专利。其后的 5 位数字为当年的申请顺序号，也就是流水号。圆点之后的代码为计算机校验码。该专利被授权后，其专利号与其专利申请号相同。从 2003 年 10 月 1 日起，国家知识产权局实施新的申请号标准，用 12 位阿拉伯数字表示，包括申请年号、申请种类号和申请流水号三个部分。按照由左向右的顺序，专利申请号的第 1 ~ 4 位数字表示受理专利申请当年的完整年号，第 5 位数字表示申请专利的种类，第 6 ~ 12 位数字（共 7 位）为当年申请流水号，按照受理同类申请的顺序编排。目前情况下，在未来 10 年以内，将存在新旧申请号同时使用的情况。

119．什么是申请日？有什么意义？

答：《中华人民共和国专利法》第二十八条规定，"国务院专利行政部门收到专利申请文件之日为申请日。如果申请文件是邮寄的，以寄出的邮戳日为申请日"。申请日在法律上具有十分重要的意义：它确定了提交申

·113·

请时间的先后，按照先申请原则，在有相同内容的多个申请时，申请的先后决定了专利权授予谁；它确定了对现有技术的检索时间界限，这在审查中对决定申请是否具有专利性关系重大；申请日是审查程序中一系列重要期限的起算日。

《中华人民共和国专利法》第四十二条规定，"发明专利权的期限为 20 年，实用新型专利权和外观设计专利权的期限为 10 年，均自申请日起计算"。

专利申请日是指专利申请材料交寄邮局时的邮戳日期或面交国家知识产权局的日期。国家知识产权局收到专利申请材料即发来受理通知书和费用减缓审批通知书，该通知书具法律效力，证明申请人的专利申请已被国家知识产权局受理，确认了申请日，给出了申请号。他人在你的申请日之后的相同或相似专利申请，你可以在其获得专利权后以其不具新颖性为由请求国家知识产权局宣告该专利无效，因此争抢专利申请日是十分重要的。自邮寄出专利申请材料至收到受理通知书和费用减缓审批通知书约需 30 日左右。

120．对专利权的保护是自申请日开始吗？

答：专利权的保护是从申请日开始。

以发明专利申请为例，自申请日起至该申请公布前，这时申请处于保密阶段。这一阶段对其权利的保护表现

・114・

三、专利申请

在对该发明专利申请后同样主题的申请因与其相抵触而将丧失新颖性，不能授予专利权。自该申请公布至其授予专利权前这一阶段是"临时保护"阶段。在这期间，申请人虽然不能对未经其允许实施其发明的人提起诉讼，予以禁止，但可以要求其支付适当的使用费。如果对方拒绝付费，申请人也只好在获得专利权之后才能行使提起诉讼的权利。这一阶段申请人只有有限的独占权。

121. 一些专利为什么未到期就中止？

答：根据《中华人民共和国专利法》第四十二条明确规定，"目前实施的三种专利有不同的保护年限，发明专利为 20 年，实用新型和外观设计为 10 年（均自申请日起计算）"。第四十三条规定，"专利权人应当自被授予专利权的当年开始缴纳年费"。从年费规定的表中可以看出，一项专利的年费不是恒定不变，保护的年限越久，其年费越高。

把专利的保护年限称为专利技术的法律寿命，还有一个经济寿命，这个含义是指此项专利技术转变为常规技术的周期，也就是能够使其所有者和使用者获得"超额"利润的周期。随着科学技术突飞猛进的发展，专利技术的经济寿命越来越短，越是高新技术，这一特征越是明显。在电子网络技术、通信技术、生物工程技术等领域尤为突出，一些科技成果的经济寿命由原来的三五

· 115 ·

年演变为一两年。当这些专利已经丧失了经济性，不能再为专利权人创造价值，此时虽然它的法律寿命还没有到期，但是它的所有者肯定不会再为它交纳年费，保护自身的权益了。由于年费越来越高，其拥有者经济上无力支付（可能由于种种原因，此专利尚未转让或许可实施，拥有者没有收益），此时只能放弃。最后的原因是受到争议和涉讼，并没有解决。

据美国专利商标局、欧洲专利局和日本特许厅统计，其全部专利在 20 年到期终止的不到 50%，三个国家发明专利的平均寿命为 11 年。

122．企业如何界定专利的职务发明和非职务发明？

答：《中华人民共和国专利法》明确规定，"执行本单位的任务或者主要是利用本单位的物质技术条件所完成的发明创造为职务发明创造。职务发明创造申请专利的权利属于该单位；申请被批准后，该单位为专利权人。非职务发明创造，申请专利的权利属于发明人或者设计人；申请被批准后，该发明人或者设计人为专利权人。利用本单位的物质技术条件所完成的发明创造，单位与发明人或者设计人订有合同、对申请专利的权利和专利权的归属做出决定的，从其约定"。

《中国石油天然气集团公司知识产权管理办法》对

于职务发明创造有以下说明：

（1）集团公司员工在岗位工作、科技项目开发、执行本单位交付的其他任务时完成的发明创造。

（2）公司员工主要利用单位物质条件完成的发明创造。

（3）集团公司系统外单位、个人接受集团公司及所属单位委托开发完成的发明创造。

（4）退休、退职、解除劳动合同、调动工作后一年内完成的，与其原岗位工作或原单位分配任务有关的发明创造。

123. 什么是实用新型专利的检索报告？

答：实用新型专利的检索报告制度是我国专利法于2000年第二次修正时新增的内容。《中华人民共和国专利法》规定，"授予专利权的实用新型，应当具备新颖性、创造性和实用性"。但是，我国对实用新型专利申请只进行形式审查，除非存在明显的实质性缺陷，被授予专利权的实用新型并没有经过新颖性、创造性等评判。因此有必要由国家知识产权局专利审查员对涉案实用新型专利的新颖性和创造性进行检索评价。

有权请求国家知识产权局出具实用新型专利检索报告的请求人仅限于该实用新型专利的权利人。除此之外的其他人，包括被许可人、被告人等利害关系人，都无权请求国家知识产权局出具实用新型专利检索报告。从授予实用新型专利权的决定公告之日起，该实用新型专利权人就可以请求国家知识产权局出具实用新型专利检索报告。

124．国家在何种情况下可以强制实施专利？

答：根据《中华人民共和国专利法》的有关规定，"具备实施条件的单位以合理的条件请求发明或者实用新型专利权人许可实施其专利，而未能在合理长的时间内获得这种许可时，国务院专利行政部门根据该单位的申请，可以给予实施该发明专利或者实用新型专利的强制许可"。

同时规定，"在国家出现紧急状态或者非常情况时，或者为了公共利益的目的，国务院专利行政部门可以给予实施发明专利或者实用新型专利的强制许可"。

针对可能出现的特殊情况，《中华人民共和国专利法》又做出了特别规定，"一项取得专利权的发明或者实用新型比前面已经取得专利权的发明或者实用新型具有显著经济意义的重大技术进步，其实施又有赖于前一发明或者实用新型的实施，国务院专利行政部门根据后一专利权人的申请，可以给予实施前一发明（或者实用新型）的强制许可"。

· 118 ·

125. 何种情况下专利需要进行评估？

答：根据国家相关规定，以下情况应当进行知识产权资产评估。分别是：

(1) 根据《中华人民共和国公司法》第二十七条规定，以知识产权资产作价出资成立有限责任公司或股份有限公司的。

(2) 以知识产权质押，市场没有参照价格，质权人要求评估的。

(3) 行政单位拍卖、转让、置换知识产权的。

(4) 国有事业单位改制、合并、分立、清算、投资、转让、置换、拍卖涉及知识产权的。

(5) 国有企业改制、上市、合并、分立、清算、投资、转让、置换、拍卖、偿还债务涉及知识产权的。

(6) 国有企业收购或通过置换取得非国有单位的知识产权，或接受非国有单位以知识产权出资的。

(7) 国有企业以知识产权许可外国公司、企业、其他经济组织或个人使用，市场没有参照价格的。

(8) 确定涉及知识产权诉讼价值，人民法院、仲裁机关或当事人要求评估的。

(9) 法律、行政法规规定的其他需要进行资产评估的事项。

126. 专利评估需要注意什么问题？

答：通俗地解释，专利评估就是给专利制定价格。由于专利是无形资产，因此，进行评估要特别注意以下几点：

（1）一项专利技术在不同的推广范围内、不同的匹配资金条件下，其价值是不同的，可能相差几倍甚至几十倍。

（2）一项专利技术的法律寿命同经济寿命是两个不同的概念，随着技术更新的加快，两者差距越来越大。

（3）由于评估属于预测范畴，因此，评估结果对于专利权人和与其结合的企业、个人均为参考意见。

（4）评估的"基准日"具有特殊性，超过一定的时间，评估结果失效。

（5）财政部和国家知识产权局颁发证书的评估机构有资格进行专利评估。

127. 专利评估一般采用什么方法？

答：我国同世界各国一样，对于专利及文学等无形资产采用通用的评估方法，这主要分为以下三种：

（1）重置成本法。该方法是把研究开发一件专利的成本汇总，减去实体性、功能性和经济性贬值，得出评估结果。这种方法在评估专利技术中使用较少，只适用于试验台架等装置。

（2）现行市价法。该方法根本不考虑研究开发一件专利的成本，只是从目前市场的角度，根据供求关系决定评估价格。这种方法也在评估专利技术中较少使用。

（3）收益法。这种方法在评估专利技术中使用最为广泛，它的评估原则是考虑这项技术在资金、市场、经营管理等条件匹配下能够取得多少效益，同一项技术在不同的条件匹配下有不同的价格。

128．什么是垃圾专利？

答：垃圾专利实际上指的是那些没有任何创新内容的专利，也可以说，是对于企业和社会没有任何用处的专利。这些所谓的"垃圾专利"主要集中在实用新型和外观设计两个领域。

垃圾专利的产生有其客观原因：

第一，由于我国专利制度对外观设计和实用新型领域的专利不进行实质审查，这是造成出现这类没有技术含量专利即"垃圾专利"的客观原因。采用这一做法的原因主要是出于节约社会成本的角度考虑。这一方式在节约社会公共资源的同时，必然带来良莠不齐的后果。

第二，近几年来，我国地方政府和一些企业，为了鼓励专利申请，相继出台了一些资助政策。例如，以专利申请数量作为衡量标准等，这些政策对鼓励发明创造、提高全民族的创新积极性起到了积极的作用。

但是由于这些新出台的政策尚有不完善的地方，于是少数专利申请人出于投机心理，将现有技术不做任何改进就申请了专利，以套取资助或达到其他目的。这种情况下出现的这类专利对于社会没有任何用处，就是垃圾专利。

垃圾专利不仅浪费了大量人力、物力，同时严重败坏了我国知识产权工作的声誉。

129. 有争议的技术是否可以申请专利或者认定技术秘密？

答：不可以。科技成果或技术必须在所有权明晰、不存在任何争议的情况下才能申请专利，否则必然产生矛盾和冲突，甚至发生诉讼。对在所有权或者其他方面有争议的技术，必须经过争议各方的友好协商，达成一致意见并形成文件后才能申请专利。

同样科技成果在不存在任何争议的情况下才能认定技术秘密。

130. 为什么违背社会道德和法律的技术不能申请专利和认定技术秘密？

答：专利和技术秘密是推动社会进步的手段和工具，而不是不法分子实施犯罪和违反社会道德的助手。

几年前，某地有不法分子研发了一种电子控制器，他们等在大型商场的停车场附近，一旦有人从汽车上走下来在锁自己汽车门时,他们按动此装置,发出电子无线信息,使汽车门锁没有锁住,待汽车主人一旦走远,他们立即将车内财物窃走。这个电子控制器既有新颖性,也有实用性,但是不仅不能授予专利权,而且要进行查封和销毁,追究研制、销售人员的法律责任,因为它违背社会道德和法律。

131. 为什么科技立题前应该进行专利文献检索?

答:现代科学技术的发展使得科学知识的增长和科研成果的增长达到惊人的速度,科学研究呈现出前所未有的复杂性、社会性、竞争性和时间性。要提高科研项目立题的准确性、科学性,保证科技成果的质量,避免重复研究,就应当在立题前进行全面的资料检索,比较技术的优劣,全面掌握课题的历史发展、当前水平、发展趋势和存在的问题。在研究过程中随时跟踪项目的技术进展,不断调整自己的研究目标。在这方面,专利文献为我们提供了重要的信息来源。

世界上最大的专利信息商英国德温特信息公司认为,有70%～90%的专利文献从未在其他刊物上发表过,而欧洲专利局(EPO)将这一数字精确为80%。据世界知识产权组织(WIPO)的统计,在科研开发活动中,利用专利文献可以节约40%的科研经费及60%的研究开发时间。来自德国的统计数字证实，在德国每年的研究与开发支出中，因没有有效地利用专利文献中的已有技术，浪费掉的资金达三分之一，约250亿欧元。欧共体研究发现，研究与开发活动中有30%是重复进行的，导致整个欧洲每天浪费的资金达5000万英镑。

专利文献检索在科研活动中的重要地位已被公认，科研人员利用专利文献能够达到事半功倍的效果。

132．怎样查阅中国专利文献？

答：国家知识产权局文献馆的中国专利馆内，收藏了数千万件专利文献。我们可以从《中国专利索引》中找所需要的信息。

当我们知道分类号、申请人名、申请号或专利号时，就可以以它们为入口，从索引中查出公开（公告）号，根据公开（公告）号就可以查到专利说明书，从而了解某项专利的全部技术内容和要求保护的权利范围。若要了解该专利的法律状态，可以通过索引查出它所刊登的公报的卷期号。如果希望了解某一技术领域的现有技术状况，或者是在既不知道申请人姓名，又不了解专利号的情况下，希望了解自己所从事的或者感兴趣的领域发明创造项目的专利技术状况，可以根据该项目所属技术领域或者关键词，去查阅国际专利分类表，确定其分类号，从分类索引中的专利号、申请人所申请的专利名称，进一步查阅其专利说明书。

133. 怎样申请保密专利？

答：我国国防科工局系统各单位，申请涉及国家安全、需要保密的发明创造专利时，应向国防科技主管部门设立的专利机构提出。该专利机构将对这类申请进行审查，并做出审查意见。其他系统的单位在承担国防科工局系统各单位的科研课题时，产生了涉及国家安全、需要保密的发明创造专利时也应该按照保密专利处理。申请人申请保密专利，依照国家有关保密条例规定，请求进行保密审查时，均应在请求书上的"保密请求"栏内打"√"注明。国家知识产权局受理这类专利申请后，即对申请按保密程序进行处理，将需要进行保密审查的发明创造专利申请转至按行业归口的国务院各直属部、委、局或总公司进行审查。上述主管部门应在收到上述申请文件之日起4个月内对申请是否需要保密进行审查，并将审查结果通知国家知识产权局。经主管部门审查后，凡需要保密的发明创造专利申请，由国家知识产权局按保密专利处理，并通知申请人。凡不需要保密的发明创造专利申请，由国家知识产权局按一般专利申请的审批程序进行审查处理，并通知申请人。需要注意的是，只有发明专利请求书中才有"保密请求"这一栏，实用新型和外观设计专利申请不能提出保密请求。

中国石油天然气集团公司所属企业在承担我国国防科工局系统的科研任务时,产生的专利技术,均应该按照以上规定办理。

134. 同一项技术能否同时申请两种或两种以上的专利?

答:根据《中华人民共和国专利法》第三十一条明确规定,"一件发明或者实用新型专利申请应当限于一项发明或者实用新型"。就是明确规定一项技术只能根据其技术的特点,选择申请专利的种类。即符合申请发明则应申请发明专利,符合申请实用新型则应申请实用新型专利,符合申请外观设计则应申请外观设计专利,不可以一项专利技术同时申请两项、三项专利。

在现实工作中可以看到,一些专利技术用同一个名称,同样的内容(即同样的说明书、权利要求书),在同一天向国家知识产权局同时申请发明专利和实用新型专利,是"一箭双雕"的做法(也有的称为"一稿两投")。持这种做法的人说这样做的好处很多:一是由于发明专利和实用新型专利在国家知识产权局是两个审查部门,均是分别工作,互不联络,因为发明审查时间长,而实用新型时间短,并且不用经过实审,5~10个月就可以拿一个实用新型的证书。以后如果发明审查不通过也有一项实用新型专利手中在握,如果发明专利通过则实用新型专利自动失效作废。二是这样操作在开发同样数量专利的情况下可以"增产",例如,某单位实际开发了50项专利技术,其中30项采用了"一箭双雕"的做法,那么本单位的专利申请数量则由50项增长为80项,是皆大欢喜的事情,尽管其实还是50项。三是增加了专利代理机构的收入,即撰写一份代理文件就可以收入两份代理费用(同时第二份代理费大多都是发明专利代理费,较前一份代理费大幅度甚至翻倍提高)。因此,从提高本单位经济效益的角度出发,一些专利代理机构极力地推销这种方式。

笔者早在十几年前就认为,这是在知识产权管理工作中的一种"假、大、空"做法,并且在各种场合尽力宣传这一观点。首先,它违反了国家的法律规定,败坏了国家和企业知识产权工作的名誉。其次,浪费了国家和企业的经费,腐蚀了一些人的思想,使一些人通过不正当手段获取名利。这种做法应明确抵制,在国有企业中坚决杜绝。笔者的观点已经逐步地被社会绝大多数人接受和认同。

135. 选择申请发明专利和实用新型专利的区别是什么?

答:在我国现行的专利法中,实用新型和发明都是专利法保护的对象，都是发明创造，从这个意义上讲两者的本质是相同的。但是它们又有许多不同，主要归纳为以下四点：

（1）实用新型的创造性低于发明。我国专利法对申请发明专利的要求是，同申请日以前的已有技术相比，有突出的实质性特点和显著进步。而对实用新型的要求是，与申请日以前的已有技术相比，有实质性特点和进步。对发明强调了"突出的实质性特点"和"显著进步"，而对实用新型只提"实质性特点"和"进步"。显然，发明专利的创造性程度要高于实用新型专利。

（2）实用新型专利所包含的范围小于发明专利。由于发明专利是对产品、方法或者其改进所提出的新的技术方案，所以，发明专利可以是产品发明，也可以是方法发明，还可以是改进发明。仅在产品发明中，又可以是定型产品发明或不定型产品发明。而且，除我国专利法有特别规定以外，任何发明都可以依法获得专利权。但是，申请实用新型专利的范围则要窄得多，它仅限于产品的形状、构成或者其组合所提出的实用的新的技术方案。这样，各种制造方法就不能申请实用新型专利。同时，与形状、构造或其组合无关的产品也不可能获得实用新型专利权。

（3）实用新型专利的保护期短于发明专利。根据

《中华人民共和国专利法》明确规定,"对于实用新型专利的保护期为 10 年,而发明专利的保护期为 20 年。"相比之下,实用新型专利的保护期比发明专利的保护期要短一倍。这是由于在一般情况下,实用新型比发明的创造过程要简单、容易,发挥效益的时间也短,技术含量也低。所以,法律对它的保护期的规定相应也要短。

(4) 实用新型专利的审查授权过程比发明专利简单。根据《中华人民共和国专利法》的规定,"国家知识产权局收到实用新型专利的申请后,经初步审查认为符合专利法要求的,不再进行实质审查,即可公告,并通知申请人,发给实用新型专利证书。"而对发明专利,则必须经过实质审查,审查的手续要比实用新型复杂,时间要比实用新型专利长得多。

136. 新工艺及其设备是否可以作为一项专利申请?

答:只要满足发明专利申请主题的单一性,属于一个总的发明构思的两项以上的发明,可以作为一件专利申请提出。新工艺及其设备是否可以作为一项专利申请提出,首先要看该设备是不是该新工艺的专用设备。根据《中华人民共和国专利法实施细则》规定,"方法和为实施该方法而专门设计的设备可以作为一种组合申请专利"。上述的设备若专为该工艺专门设计时，这种设备与该工艺是属于一个总的发明构思的两项以上的发明，所以可以作为一项专利申请提出。但是，若该设备并不是专为该工艺设计的，而只是可以被该工艺所利用时，那么该设备就不能与该工艺一起作为一项专利申请提出，因为它们不属于一个总的发明构思，而属于一种构思与另一种构思的组合。

137．计算机软件程序是否可以申请和获得专利？

答：根据《中华人民共和国专利法》明确规定，可以作为专利申请的计算机软件程序主要包括：

（1）用于工业过程控制的涉及计算机程序的发明专利申请。

（2）涉及计算机内部运行性能改善的发明专利申请。

（3）用于测量或测试过程控制的涉及计算机程序的发明专利申请。

（4）用于外部数据处理的涉及计算机程序的发明专利申请。

（5）涉及汉字编码方法及计算机汉字输入方法的发明专利申请。

不符合专利申请条件的计算机软件程序主要包括：

（1）发明主题涉及一种纯数学运算方法或规则本

身,未解决技术问题,所处理的对象和所获得的结果都是非技术的数值。

(2) 发明主题仅涉及一种算法程序。

(3) 发明主题仅涉及一种游戏机的过程管理或控制方法。

(4) 发明主题涉及一种存储计算机程序的计算机可读存储介质,但介质本身并没有任何改变,因此仍然是计算机程序。

将计算机程序作为专利申请,美国等少数几个技术发达国家允许,但在包括我国的大多数国家都有一定的限制,这个问题目前还处于探讨阶段。

138. 什么是智力活动的规则和方法?

答:根据《中华人民共和国专利法》明确规定,智力活动的规则和方法不能申请专利。这里讲的智力活动的规则和方法主要包括以下内容:

(1) 审查专利申请的特殊方法。

(2) 组织、生产、商业实施和经济等管理的方法及制度。

(3) 交通行车规则、时间调度表、比赛规则。

(4) 演绎、推理和运筹的方法。

(5) 图书分类规则、字典的编排方法、情报检索的方法、专利分类法。

（6）日历的编排规则和方法。

（7）仪器和设备的操作说明。

（8）各种语言的语法、汉字编码方法。

（9）计算机的语言及计算规则。

（10）速算法或口诀。

（11）数学理论和换算方法。

（12）心理测验方法。

（13）教学、授课、训练和驯兽的方法。

（14）各种游戏、娱乐的规则和方法。

（15）统计、会计和记账的方法。

（16）乐谱、食谱、棋谱。

（17）祛病、强身和健体的方法。

（18）疾病普查的方法和人口统计的方法。

（19）信息表述方法等。

139．所有的"好技术"是否都要申请专利？

答：这个问题是一位在石油企业基层工作了几十年的老科技人员向笔者提出的。

首先，我们要明确"好技术"的概念，我们国家在相当长的历史时期经历的是社会主义计划经济，科技体制也不例外。一般在年度初进行立项、拨款，然后经过科技开发、研究，在年终产出科技成果，进行鉴定和验收。在 1978 年第一次全国科技大会时，我国当时每年产出大约 5000 项省部级科技成果，其中绝大部分进行了鉴定和奖励，有关人员借此作为晋升职务、职称的依据。

但是人们很快就发现，这些成果有一部分是样品、展品，全国总体平均下来，科技成果的应用转化率不足 15%，绝大部分的科技成果在资料柜中睡大觉，它们被鉴定或奖励之日即是寿终正寝之时。这当然是科技界中最大的浪费，也是国家的浪费。在 20 世纪 80 年代，党中央、国务院不失时机地提出了"经济建设必须依靠科学技术，科学技术必须面向经济建设"战略方针，阐明了科学技术同经济建设的辩证关系，指明了我国科技发展和社会发展的方向。

从 1984 年我国实施专利制度之后，在科技成果的范畴中又多了一种分类方法，即专利成果和非专利成果。在此之前，分类方法很多，例如按其成果属性分类可分为：基础类科技成果、应用开发类成果、软科学成果、机械装备成果、情报类成果、出版类成果、规划设计方案成果等。在市场经济条件下，又可把科技成果分为：可转化科技成果和不可转化科技成果。

从申请专利的角度分析，一个目的是应用，这是主要的；另一个目的是"跑马圈地"，这一类的专利可能是永远不能应用或不想应用。前面提到可转化成果同不可转化成果，从事科技管理工作的同志们在描述时费了一些心思和脑筋，大家可以听到下面的说法：

科技成果是科技开发立项所期盼得到的目的；是大量科技投入换来的结果；是凝聚着广大科技人员心血和汗水的结晶；是科技成果转化为现实生产力的载体；是商品，是推动社会进步的动力……

但是，从事经济工作的同志进入这个领域，其表述方式大概有些不同，他们说"技术是资产，是获取超值收益的工具"。这种表述似乎比科技人员的表述方式进了一步，更为准确。

所谓"超值"，就是超出预期，一般来说，常规技术也可以获得利润和效益，而被归于"超值"的技术是比前者能获取更多的利润和效益。显然这里指的是可转化成果。

人们一般认为，只要是可转化的成果都要申请专利，其实这种观点不大全面，本文前面提到一个实例，美国可口可乐公司生产的饮料已经在全世界销售，配方及加工工艺没有为其申请专利，而是把它放在可口可乐总部大楼的特制保险柜中。

北京"同仁堂"是一家"中华老字号"，已有几百年的历史。从明朝开始，上至皇帝大臣，下至平民百姓，服用"同仁堂"药品的人成千上万，不计其数，其产品货真价实、童叟无欺的声誉经久不衰。其中最具盛名的是"安宫牛黄丸"和"牛黄清心丸",该药配方已经被确定为国家级技术秘密。同样,该技术(科技成果)也没有申请专利。

以上提到的技术都是公认的"好技术",但是都没有申请专利,因此可以看出,并不是一切"好技术"都需要申请专利。选择的关键在于,如果该技术进入市场后其核心技术不能保密(如一些机械装置)那就必须申请专利,而另一些技术(如前面提到的两个实例),在市场运作中可以保守其秘密,那就不需要申请专利,可以作为企业或者国家的技术秘密。这样既可以不花任何费用,又可以不公开其秘密,因此没有"法律寿命",可以"永葆青春"。

140. 为什么抽油机外形结构的创新应该申请专利?

答:抽油机领域的技术创新活动非常踊跃,许多发明人为了节能,为了提高冲程,为了提高可靠性,在外形结构方面做了许多科技创新工作。由于抽油机长年在野外工作,任何人都可以到现场去参观学习和模仿,因此这类科技成果建议申请专利予以保护。

141. 企业知识产权管理人员是否必须是专利代理人？

答：解答这个问题的前提是必须了解专利代理人的性质和作用。

我们国家从20世纪80年代起实施专利制度以后，在社会行业中新增加了两个过去没有的职业，一个是国家专利局（现为国家知识产权局）的"专利审查员"，他们的工作职责是把从全国各地、世界各地邮寄到中国知识产权局的各类专利申请文件资料按专业分工，进行阅读、分析和检索等工作后，提出是否可以授予专利权的意见，经过规定的程序后，形成国家知识产权局的意见。当然，一个人不可能对任何专业的专利申请都很明白，因此"专利审查员"是按专业划分的。

另一个行业是"专利代理人"，这个职业有点类似于律师。我们知道，公民有法律赋予的权利，这些权利受到侵害后，公民可以运用法律武器到司法机关申诉。律师是掌握法律知识比较系统全面的人员，如果聘请他们代为写诉状，进行辩护，会使诉讼进展加快。"专利代理人"同样如此，目前我国有数万人从事此项工作。专利代理人必须是理工科大学毕业，即掌握一门专业知识，再进行专利知识的培训，掌握写作技巧（能流利自如地撰写专利的说明书、权利要求书等）。专利代理人同样不可能任何专业、任何技术都了解，也必须是按专业进行划分。按照我国法律法规规定，专利代理人必须专职，国家公务员、国有企业人员和事业单位人员一律不允许在专利代理机构兼职，更不允许伪造文件、非法成立专利代理机构。目前我国专利代理人每年进行一次公开考试。

而在政府和企业的知识产权管理人员则不同。他们熟悉党和政府在知识产权领域的方针政策，熟悉科技成果（包含非专利成果）的特点特征，对企业有感情。他们善于在科技活动中、在生产实践中发现新的科技成果并将其转化为现实的生产力，善于技术的配套和集成，这些工作经验和能力是专利代理人所不具备的。但是如果要求企业的知识产权管理人员必须取得专利代理证也不符合工作要求，同时也不太现实。

然而，有一点需要说明，企业的知识产权管理人员了解和掌握专利文件撰写的方法及技巧，虽然没有专利代理人的执照，而为本单位撰写专利文件，不以此作为牟取经济利益的手段，也是完全合法，目前许多企业采用这一种做法。

142．企业申请的专利是越多越好吗？

答：首先，企业申请专利的目的是对企业要有用处，要能够创造经济效益和社会效益。达到这个标准的专利，数量是越多越好。但是，如果没有专利也不能勉强，要实事求是。目前，我国有几百万家各类所有制的企业，其中98%的企业连一件专利也没有，这是现实情况，改变这种局面不是一朝一夕的事情。与其硬性地给这些企业下达申请专利的指标，不如帮助他们认识专利对于企业发展的作用，培养和培训相关人员，使他们尽快形成获取专利及知识产权的能力。

其次，企业申请的专利数量不是一个孤立的指标，它必须同企业其他经济技术指标相适应，相匹配。例如，科技开发人员的数量、科技经费的数量、企业科技贡献率、企业申请的专利数量的应用率、企业申请的专利数量所产生的经济效益和社会效益等。如果不是这样作为一项系统工程设计，很容易形成"为申请专利而申请专利"的局面，把一些根本不具备专利条件的技术，甚至是"垃圾专利"拿去凑数，对企业没有任何好处。

全国"人大""政协"代表、委员反映一些城市制造专利成了一项新工程。一些地方政府，为了完成年度专利申请数量，在全国各省市中排个好名次，就向所属企业和科研单位下达硬性指标。

为了鼓励企业申请，政府实施了各种激励政策。在这样的冲动中，这些地区每年都在增加专利申请数量上投入了大量经费。为了拿钱,企业制造垃圾专利。在申请完成后,自然不愿花钱维持专利,更谈不上转化应用。

科技日报曾刊发《警惕把专利搞成新的"面子工程"》的新闻调查,国家知识产权局负责人在第一时间对其进行了回应。

他首先承认,"报道中提到的制造垃圾专利的现象确实存在",并希望向地方政府说几句话,"尽快转变专利资助导向,千万不能唯指标唯数量,而忽视专利质量。"

他呼吁,各级地方政府和专利管理部门,要尽快转变这一政策倾向,把专利资助政策调整到位。专利需要技术和市场结合,重视数量而忽视转化率和产出比,就违背了优惠政策制定的初衷和专利管理的整体方向。

以保护期20年的发明专利为例,他算了一笔账,"我国专利的平均寿命是6~8年,国外会超出我国4~5年"。在他看来,这和我国专利发明的创新水平、质量有关系,当前专利工作的重点应该放在质量的提升上。

因此,"企业申请的专利越多越好"的观点是片面的,不应该提倡。

143. "地雷阵"、"跑马占地"是什么意思？

答：一般说来，企业申请专利大多是为了应用，是为了获取经济效益。但是也有一种情况例外，专利权人申请专利的目的不是为了应用，也可能该专利根本不能应用，申请专利是为了防止他人涉足这个领域，也是为了保护自身的权益。这种做法在企业目前申请专利的总数中所占比例不大，知识产权领域把这种做法称为"地雷阵"、"跑马占地"。

144. 中国石油天然气集团公司的企业同外系统单位合作开发的科技成果，专利权归谁？

答：根据《中华人民共和国专利法》第八条的规定，"两个以上单位或者个人合作完成的发明创造、一个单位或者个人接受其他单位或者个人委托所完成的发明创造，除另有协议的以外，申请专利的权利属于完成或者共同完成的单位或者个人；申请被批准后，申请的单位或者个人为专利权人"。

这里贯彻的仍然是合同自由的原则。只有在当事人之间缺乏明确的权利归属意思表示时，法律才推定发明创造的专利申请权和取得的专利权归属发明创造完成人。

因此，中国石油天然气集团公司的企业在同外系统单位签订科技合作开发合同时，在合同中应当约定，专利申请权或专利权归集团公司和集团公司的下属企业所有。

145. 为什么要对本企业持有的有效专利定期进行清理？

答：一些国有企业的专利一经授权就放到那里无人过问，直到这些专利的法律寿命终止。这反映出企业在知识产权管理中的问题，不是科学管理。这样做的结果是，表面上企业的有效专利数量不少，但仔细审查其中一部分甚至相当部分已经不起任何作用，为此企业还要缴纳大量的维护费用。因此，企业的有效专利要定期进行整理。要把这一行为升级为企业的例行制度，时间周期大致定在1～2年为宜。清理标准大致分为三类：

第一，有明显的经济效益，有持续为企业创造效益的能力，此类专利应保留。

第二，目前尚未创造效益，但是由于种种原因今后可能创造效益。此类专利应保留，观察一段时间，待下一个清理周期时再定。

第三，已经没有继续保留的意义和价值，此类专利应该中止，节省企业维持费用。

讨论和决定一项有效专利是否有用、是否需要保留要听发明人的意见，但同时也要听取其他发明人和科技管理人员的意见，此外还要听取生产使用方面的意见和财务、计划、机动设备管理等其他部门的意见。这样形成的意见才比较符合实际。

146. 什么原因致使我国有效专利实际寿命比较短？

答：我国目前已经授权的几百万件有效专利的实际寿命比较短，大约是其法律寿命的 1/3 左右。查阅资料，世界发达国家的有效专利也不是百分之百地等同于法律寿命，它们的实际寿命大约是 1/2～3/5 的法律寿命。换言之，其实际寿命比我国专利长一些。产生这种现状存在以下几个方面的原因：

首先，我国处于社会主义初级阶段，其知识产权建设时间不长。因此对于在此期间授权的数百万件有效专利的评价，尤其是对其技术创新程度，俗称"含金量"的分析不宜过高。当然不可否认其中个别专利的确有"石破天惊"的作用，能够取得巨大的经济效益和社会效益。但是就其总体而言，目前我国有效专利的价值较世界发达国家还有一段不小的差距。一旦这些专利丧失了新颖性，变为常规技术，自然就没有继续维护它的意义了。这是最主要的原因。

其次，近年在强调知识产权及专利的重要性的同时，一些上级部门给科技开发单位下达了申请专利的硬性指标，不完成这个指标等于课题没有完成。因此，出现了一些为完成"申请专利任务"而产生的"专利"。

这些专利从问世之日起，它的发明人和专利权人心里都明白，它是不能为所有者获取任何经济效益的。严格地说，这些是"垃圾专利"。

第三，一些企业或个人在申请和授权了专利后，虽然技术没有过时，有新颖性，但是多方努力未能成功地转化，难以同生产实际相结合。这样的专利不仅没有收益，专利所有人还要为此付出一笔不小的年费。一旦停交年费，其专利权自动丧失。

第四，随着我国改革开放的进程加快，技术更新换代的步伐也在加快，特别是电子、信息等新兴产业，其技术更新速度加快，技术成果的换代时间缩短。

147．为什么准备申请专利的成果不能或者需要推迟发表技术论文？

答：这是企业利益的需要，同时也是我国专利法规定的"不丧失新颖性的技术方案可以申请专利"的需要。

凡是企业准备申请专利的技术，在专利没有正式授权之前，任何人不能泄漏其中技术细节及创新点。因此，不能发表论文是重要的一条措施。否则，必然影响专利的申请和授权。即使是专利授权之后，也要对于发表论文持谨慎态度，否则极容易"占小便宜吃大亏"。

148. 为什么说科技论文是一个"大炮仗"？

答：科技论文及专著在科技创新中占有不可替代的位置，也是人类和社会传承科技成果的重要载体和手段。它一经发表，即可"抢占制高点"，成为中外历史上无法改变的第一发明人或者完成人，可以著书立说，成名成家……但是，除了这一方面之外，还有另外一个方面，就是无论多么珍贵的科技成果，一旦在期刊和杂志上公开发表了，就没有了新颖性，没有了商业价值，不可以申请专利和认定技术秘密，其内容已经是全人类和全世界公知的技术了，此特征有点类似于我国节日喜庆的"大炮仗"，大家"听了响"以后就不可能获得相应权利。

四、专利审查

149．发明专利的审查授权过程是什么？

答：根据《中华人民共和国专利法》规定，"对发明专利申请实行早期公布、请求审查制度"。一件发明专利申请完整的审查程序包括三个阶段，它们是：初步审查、实质审查、授予专利权。一件发明专利申请要获得批准必须经过这三个阶段。

初步审查阶段包括受理专利申请，收取专利费用，分类和明显缺陷的审查，格式审查，公布专利申请等步骤。实质审查阶段包括实审程序启动，申请文件核查，实质审查的准备和检索，实质审查并发出第一次审查意见通知书，申请人答复、修改和审查员继续审查，审查员代表国家知识产权局做出授予专利权通知书等步骤。授权阶段包括国家知识产权局发出授权和办理登记手续两个通知书，申请人办理登记手续，国家知识产权局做出授权决定、颁发专利证书与登记，国家知识产权局公告授予专利权的决定等步骤。有少数申请经授权后可能还要经过撤销程序和（或）无效宣告程序。

申请人一定要注意缴费的各个环节，并及时答复国家知识产权局的补正通知,这样才能有利于专利申请审查的顺利进行。当然,申请人有权随时撤回自己的专利申请。即使专利申请已经授权,专利权人也可以放弃专利权。

150. 实用新型和外观设计专利的审查授权过程是什么?

答:根据《中华人民共和国专利法》的规定,"对实用新型和外观设计专利申请实行初步审查制度"。一件实用新型或外观设计专利申请完整的审查程序包括初步审查、授予专利权两个阶段,与前述发明专利审查程序相比,没有实质审查阶段。

一件实用新型或外观设计专利申请在获得批准前必须经过这两个阶段。初步审查阶段包括受理专利申请、收取专利费用、分类、明显实质性缺陷的审查和格式审查等步骤。与发明专利申请的初步审查相比,没有公布专利申请的步骤。授权阶段包括国家知识产权局发出授予专利权与办理登记手续二合一的通知书。申请人办理登记手续,国家知识产权局做出授权决定、颁发实用新型或外观设计专利证书与登记,国家知识产权局公告授予专利权的决定等步骤。这一阶段的执行步骤与发明专利的授权步骤相同。

151. 申请发明专利多久才能公布?

答:根据《中华人民共和国专利法》的规定,"国家知识产权局收到发明专利申请后，经初步审查认为符合专利法要求的，自申请日起满18个月，即行公布"。所以发明专利申请一般是在自申请日起满18个月公布。由于专利公报是定期出版，加之公报版面的限制，特别是我国专利申请量逐年增加，国家知识产权局审查人员有限，还有审查环节上的原因，此项工作有时也可能推后。

152．何种情况专利申请不授予专利权？

答：根据《中华人民共和国专利法》中明确规定，下列专利申请，国家知识产权局将作驳回处理，并不授予发明和实用新型专利权：

（1）科学发现。例如，对自然现象、社会现象及其规律的新发现、新认识以及纯粹的科学理论和数学方法。科学发现属于人类认识世界的范畴，并没有对客观世界作任何技术性改造。

（2）智力活动的规则和方法。例如，对人进行教育的方法，对动物进行训练的方法，生产管理、经商和游戏的方案、规则，单纯的计算机程序。

（3）疾病的诊断和治疗方法。例如，中医的诊脉方法、针灸方法，西医的化验方法等。

（4）动物和植物的品种。一般认为动植物品种与工业商品不同，受自然条件影响大，缺乏用人工方法绝对"重现"的可能性。目前国际上尚有争议。

(5)用原子核变换方法获得的物质。

此外,违反我国国家法律、社会公德或妨碍公共利益的发明创造,例如,吸毒用具,破坏防盗门的方法和工具,盗墓的方法和工具,伤害民风习俗的外观设计,以及违反科学原理的所谓发明,如水变油、永动机等都不能给予专利保护。

153. 何种情况发明创造不授予实用新型专利权?

答:国家知识产权局根据《中华人民共和国专利法》的规定,明确下列 8 类发明创造不授予实用新型专利权:

(1)各种方法,产品的用途。

(2)无确定形状的产品,如气态、液态、粉末状、颗粒状的物质或材料。

(3)单纯材料替换的产品,以及用不同工艺生产的同样形状、构造的产品。

(4)不可移动的建筑物。

(5)仅以平面图案设计为特征的产品,如棋、牌等。

(6)由两台或两台以上的仪器或设备组成的系统,如电话网络系统、上下水系统、采暖系统、楼房通风空调系统、数据处理系统、轧钢机、连铸机等。

(7)单纯的线路,如纯电路、电路方框图、气动线路图、液压线路图、逻辑方框图、工作流程图、平面配置图以及实质上仅具有电功能的基本电子电路产品(如放大器、触发器等)。

(8) 直接作用于人体的电、磁、光、声、放射或与其结合的医疗器具。

154. 国家知识产权局在同时收到两个以上申请人就同样发明创造申请专利时如何处理？

答：国家知识产权局根据《中华人民共和国专利法》的规定，"如果出现两个不同的人在同一天就同样的发明创造申请专利的情况时，国家知识产权局将分别向各申请人通报有关情况，请他们自己协商解决这一问题"。解决的办法一般有两种：一种办法是两个申请人均作为该专利的申请人；另一种办法是其中一方放弃权利，但是从另一方得到适当的经济补偿。如果双方就这两种方法协商不成，国家知识产权局的处理方式是这两件专利申请均不授予专利权。

155. 专利不能授权的原因是什么？

答：申请的专利不能授权，不外乎以下的原因：

(1) 该专利技术不具备"新颖性、创造性和实用性"。

(2) 该专利技术在申请期间发生争议，并没有得到解决。

(3) 该专利技术虽然具备"新颖性、创造性和实用性"，但是由于一些专利代理机构"粗制滥造"地工作而毁坏了这些特性，致使其丧失了申请专利的可能。

156．什么是专利权的无效宣告程序？

答：为了纠正国家知识产权局可能做出的错误授权，让广大公众进行监督和帮助，《中华人民共和国专利法》规定，"自国家知识产权局公告授权之日起，任何单位或者个人认为该专利权的授予不符合我国专利法有关规定的，都可以请求专利复审委员会宣告该专利权无效或者部分无效。被宣告无效的专利权视为从申请日起即不存在"。

申请专利权的无效宣告程序有3个必须的条件：一是要递交该专利不具备专利条件的文字材料；二是签署真实单位的名称或者个人的姓名；三是交纳规定的费用。

如果无效宣告请求人或专利权人对专利复审委员会关于维持专利权或宣告专利权无效的决定不服，可以向人民法院起诉。

157．什么是专利行政复议？

答：专利行政复议是指国家知识产权局及其工作人员在行使职权时，与专利申请人、专利权人及其他利害关系人对知识产权局做出的具体行政行为（如做出的视为撤回决定）产生争议，根据专利申请人、专利权人及其他利害关系人的请求，由国家知识产权局对引起争议的具体行政行为进行复查并做出裁决的行为。

专利申请人、专利权人及其他利害关系人主观上认为侵犯了自己的合法权益，就可以申请行政复议。但是他们须在得知或应当得知国家知识产权局做出具体行政行为之日起15日内向国家知识产权局提出行政复议申请。行政复议只能因专利申请人、专利权人及其他利害关系人的申请而启动，不能由国家知识产权局自行启动。

158．国家知识产权局受理哪些行政复议申请？

答：国家知识产权局在进行专利审批的过程中，经常做出不受理、视为撤回、驳回等决定。申请人或专利权人对国家知识产权局做出的具体行政行为不服或产生争议的，可以在国家知识产权局行政复议受理范围内，提出行政复议申请。国家知识产权局主要受理下面几类复议申请：

(1) 专利申请人对国家知识产权局不予受理其专利申请不服的。

(2) 专利申请人对国家知识产权局确定的申请日有争议的。

(3) 专利申请人对国家知识产权局不予确认其优先

权不服的。

（4）专利申请人对国家知识产权局决定将其专利申请按保密专利申请或不按保密专利申请处理不服的。

（5）专利申请人、专利权人耽误了有关期限而造成其专利申请被视为撤回或其专利权被视为放弃；专利权终止后，专利申请人、专利权人要求国家知识产权局恢复其权利，对国家知识产权局不予恢复权利决定不服的。

（6）专利权人对国家知识产权局做出的强制许可的决定不服的。

（7）专利代理机构对国家知识产权局做出的撤销其机构的处罚不服的。

（8）专利代理人对国家知识产权局做出的吊销其专利代理人资格证书的处罚不服的。

（9）专利申请人、专利权人及其他利害关系人认为国家知识产权局做出的其他具体行政行为侵犯其合法权益的。

159. 申请行政复议的必要条件是什么？

答：申请行政复议的行为往往要引起国家知识产权局行政复议活动的发生和进行，特别是行政复议并不收费。为了防止产生滥用复议权的情况，申请复议必须要有严格的法律条件，申请行政复议应当符合以下三个条件：

（1）复议申请人是认为国家知识产权局的具体行政行为直接侵犯其合法权益的专利申请人、专利权人或其他利害关系人。

（2）有具体的复议请求和事实根据。具体的复议请求是指申请人申请复议时，要求国家知识产权局解决问题的具体内容（如要求恢复被国家知识产权局终止的专利权等）。事实根据指的是案件事实和证据事实。

（3）申请行政复议的理由，属于行政复议的受理范围。

以上三个条件是申请行政复议所应具备的必要条件，这三个条件必须同时具备，缺一不可。

160．什么是专利审查指南？

答：专利审查指南是由国家知识产权局局长签发的一份重要的文件，它既是国家知识产权局各类审查员的工作标准和判定标准，又是广大专利申请人选择自己的发明创造如何申请专利的最佳参考资料。

新版专利审查指南于2017年4月1日起正式实施。

此版新专利审查指南较旧版进行了6处修改和完善。

五、专利代理

161. 什么是专利代理？

答：当发明创造人不能按照国家知识产权局的规定办理专利申请等各种专利事项时，可以委托专利代理机构办理有关事项。专利代理是指由他人代为把当事人的创造发明向专利局申请专利或代为办理当事人其他专利事务。专利代理是一种委托代理，它是指专利代理机构受一方当事人的委托，委派具有专利代理人资格的在国家知识产权局正式授权的专利代理机构中工作的人员，作为委托代理人，在委托权限内，以委托人的名义，根据《中华人民共和国专利法》的规定，"向国家知识产权局办理专利申请或其他专利事务所进行的民事法律行为。专利代理人资格是经特定考核后取得的，任何其他机构和个人无权接受委托，不能从事专利代理工作。"

专利代理机构可以承办专利咨询，代写专利申请文件，办理专利申请，请求实质审查或者复审的有关事务，宣告专利权无效等有关事务。办理专利权的转让、解决专利申请权、专利权归属纠纷等事务。

专利代理工作在专利工作体系中是不可缺少的一环，它对推动专利制度的建设和发展起着重要的作用。

162. 申请专利是否必须要委托代理机构？

答：中国的企业、事业单位或者个人申请专利或办理其他专利事务时，既可以委托代理机构办理，也可以自己办理。但是根据有关规定，在我国没有经常居所或者营业所的外国人、外国企业或者外国其他组织以及港、澳、台地区的法人在中国内地申请专利或办理其他专利事物时，必须委托国家知识产权局指定的代理机构办理。其他专利申请人没有限制，可以委托代理机构办理，也可以自己办理。

163. 申请专利代理的费用是多少？

答：由于规模、水平、服务质量和标准不同，中国专利代理费用的收费标准相差很大。一般情况，代理发明专利收费 5000～10000 元；代理实用新型专利收费 2000～4000 元；代理外观设计专利收费 1000～2000 元。

164. 企业选择专利代理机构的标准是什么？

答：由于我国处于专利制度的初级阶段，因此要求国有企业的大多数科技人员作为一个专利发明人自己撰写各种法律文件直接递交国家知识产权局不大现实，这只能适用于少数人。因此，从一定意义上讲，要申请专利、如何寻找和确定代理机构及代理人是一个不可回避的问题。

前文提到，我国1985年4月1日正式开始实施专利制度，当时为了工作的开展，在各省、自治区、直辖市科学技术委员会和中央各部委的情报所（站）指定了一批专利代理机构和管理部门。到了90年代，这种做法的弊端逐渐体现出来，既做管理工作又下海当代理人，给这一工作带来了许多负面影响，又败坏了这一行业的声誉。因此，国家有关部门三令五申，接连不断地下发文件。第一，明确规定专利代理机构同六类咨询服务类公司一样，必须同原挂靠的部门及单位脱钩；第二，在专利代理机构工作的代理人必须为专职人员，必须同原所在单位解除劳动合同关系，只能从事一份工作，国家机关、国有企业的工作人员不能从事"代理人"性质的第二职业；第三，各级政府部门和各类国有企业，不能以行政命令的方式指定代理机构，必须市场化，由发明人选择，由社会选择。这一系列政策和标准的出台，就是为了公平竞争，打破垄断，促进我们这个新兴的市场能够健康有序地发展。

这些客观情况决定，我们选择代理机构第一条必须是符合这些标准要求。有一位从海外归来的老师，有一个很好的发明专利，找到代理机构后，由于这个机构是挂靠的，缺乏责任心，将"脸盆"大的一个技术写成了一个"顶针"，相差甚远。还有一个专利的计算公式和单位写错了，甚至还出现了把专利的名称写错的情况。国家知识产权局发现后令其"修正"，这使发明人两难，无法解释，只好牺牲了这项技术。还有单位反映，发明人本来申请一项发明，实际上该技术也符合申请一项发明的条件，但是代理机构出于自身经济利益的考虑，非要把这项技术申请4项专利，把好端端的一个完整的专利技术肢解得四分五裂。另有单位反映，有的代理机构同发明人说某项技术太珍贵了，要抓紧时间、争分夺秒地申报，代理人白天不吃饭、夜里不睡觉，因此代理费用要加倍，美其名曰"加急费"。甚至还出现一种情况，本来发明人的专利符合申请实用新型专利的条件，代理机构出于代理费用的考虑非要申报发明（代理费用相差一倍），致使发明专利不能授权，实用新型专利也不能申请，一项专利白白浪费。前面提到的一个专利同时申请发明和实用新型的"一稿两投"，这样就可以写一份代理文件，收两份代理费，更是一些代理机构大力提倡、非常热衷、频繁使用的好方法。

　　选择代理机构首先要考察它的职业道德，是真正把工作标准构建在如何维护发明人利益上，而不是那些绞尽脑汁、想方设法多赚钱的不正派的代理机构。在市场经济条件下，有这些特点的代理机构，国有企业决不能选择和使用。

选择代理机构的第二条标准是代理人的阵容，俗话说"隔行如隔山"，同是机械产品的技术，冶金机械同石油机械就不一样，当然其机械的特点是相同的，在石油机械中炼厂机械同矿场机械又有很大的区别。特别是大的国有企业选择代理机构时应该要求各个专业的代理人齐全。一般来说，以上谈到的那些挂靠的代理机构都是"七八个人，三五条枪"，没有人员优势。目前在北京、上海等大城市，已经出现了每年代理几千件专利、在外国有办事机构、各专业齐全、有几百名工作人员的大型代理机构。

选择代理机构的第三条标准是其业务能力和敬业精神，有在此领域代理的实例和经验，了解所代理的专利技术所属领域的生产流程及企业的文化特点，善于同各种性格的发明人进行交流和沟通。当然，最主要的是要具有相当的专利代理能力和水平，能根据文字材料和发明人的口述，准确地判断出此技术能否申请专利？能够申请何种专利？这两个问题需要毫不含糊地向发明人讲清楚。杜绝在专利不能授权时推卸责任，说什么技术不过关，不够申请专利的条件等。考核专利代理机构工作水平不能只听自我介绍，需要了解真实情况，特别是一些经营指标。例如，每年代理多少项专利，其中涉外多少件、实用新型类专利授权率、发明专利授权率、平均发明专利授权的时间等。

165．专利代理委托之前应该注意什么？

答：为提高办事效率，使委托人的发明创造能尽快撰写成合格的申请文件，及时向专利局递交申请，专利代理委托之前应该注意以下几个关键问题：

（1）确定要申请专利的发明创造是职务发明还是非职务发明。专利权是财产权，其归属不明确就会给日后的申请、授权、实施和转让过程带来混乱，产生纠纷和严重的后果。所以，请委托人根据《中华人民共和国专利法》和《中华人民共和国专利法实施细则》先判定该发明创造是属于单位的"职务发明"还是属于个人的"非职务发明"。在职职工申请"非职务发明"应请所在单位出具"非职务发明证明"。

（2）确定发明创造的类型。专利法规定给予保护的发明创造主要分为"产品发明（装置、仪器、设备、工具等）"和"方法发明（工艺、流程等）"，也可以是"产品＋方法发明"等几类。确定发明创造的类型对给予其恰当而有效的保护有重要意义，与该发明创造的专利申请文件的撰写、专利权的取得、保护期限的长短等有密切关联，委托人应对此有明确的认识。

（3）根据上述发明类型和所需要保护的程度、范围，委托人还要确定其发明创造所要采取的申请形式。即是采用"发明专利"，还是"实用新型专利"或"外观设计专利"，以上保护期各为20年、10年、10年。对于"方法发明"和某些无固定形状的产品等不能申请"实用新型专利"，产品的外观和平面设计一般要申请"外观设计专利"。

（4）如果发明创造的产品或技术需要出口，应该考虑向国外申请专利，以保护在国外的市场。由于专利法规定只有在国内申请专利后一年的期限内向国外申请专利才能取得优先权和最有效的保护，而且办理有关手续需要一定时间，所以委托人应在申请后尽早做好准备。

以上所述问题是委托人在提出专利申请前要涉及的几个重要问题。由于专利代理是严肃而细致的民事事务，代理人和委托人都要承担相应的民事责任，而确定一个发明创造的所属和专利性是一项复杂的工作，要涉及专利法全部内容和其他有关法规，因此还要针对个别情况做具体分析才能给出判定。

五、专利代理

166. 怎样委托专利代理机构办理专利事务？

答：专利事务是一项复杂的工作，它涉及法律、经济、科学技术、科学文献等多方面的知识。当事人认为必要的时候，可以委托专利代理机构代为办理专利事务。委托专利代理机构办理专利事务，首先要填写书面委托书，用以确定委托事项和委托权限。《中华人民共和国专利代理条例》中规定的专利代理业务范围很广，不仅是申请专利、专利权宣告无效，还包括文献检索、专利许可、专利权的转让、专利纠纷、专利诉讼等。所以委托人委托专利代理机构办理专利事务时，应当制定详细的委托书，而绝不要以"全权委托"这一模糊概念来概括委托事项和权限。应该逐项写明，否则常会出现委托双方因对委托事项的误解而受损，更为严重的还可能造成权利的丧失，给委托人造成无法挽回的损失。

167. 专利代理人员应具有的素质是什么？

答：在目前情况下，我国科技人员将自己用心血和汗水创造的智力成果自己撰写各种法律文件，直接向国家知识产权局申请专利，是一件困难的事情，只能由专利发明人、专利权人付出一定的费用，由专利代理机构和代理人为其办理各项事务。因此，专利代理人具有的素质对于专利数量和质量至关重要。

首先，专利代理人素质的要求是"诚信"，专利代理人不能对发明人"说瞎话",不能像本文前面提到的"为了专利事务所的利益最大化"而"绞尽脑汁地骗人"。要老实、认真地回答发明人的各种问题。要站在专利发明人和专利权利人的立场思考问题,这是专利代理人的职业道德,也是专利代理人政治素质。

其次,国家规定代理人需要通过资格考试,其本人必须是工科院校的毕业生,必须掌握一门专业(如机械、化工、建筑等),这是代理工作的需要,否则不可能胜任代理人的工作。只有把这些专业知识同必需的法律、法规知识结合起来,才能成为一名合格的代理人。当然,专利代理人不可能是一个"万能人",什么都会,什么都懂,什么专业的专利都能代理,他只能是一个专业的专利代理人。拿石油、石化领域来说,代理人不可能既懂物探测井,又懂钻井、采油,还懂集输和炼油。如果专利代理人撰写的法律文件,只能是照抄专利发明人的技术交底书,对技术没有吃透、弄懂,那么,他不可能对发明人给予指导和帮助,也不能写出合格的专利法律文件并且顺利地授予专利权。

168. 专利代理工作何时终止?

答:在专利代理委托书中,代理人和委托人双方就代理工作的具体内容要进行约定,所以代理工作的终止应当是在完成代理委托书中约定的代理事项之后。例如，委托书中约定代为办理名称为某某的发明创造申请发明专利（或实用新型专利和外观设计专利）以及在专利权有效期内的全部专利事宜。显然这项委托代理不是办完申请，或者申请人拿到专利证书终止。专利委托的有效期应截止到专利权终止前，以国家知识产权局登记簿上记载的时间和公告为准。

根据《中华人民共和国民法通则》规定，"委托代理是单方的法律行为，委托人有权撤销代理，代理人也有权辞去代理。另外，代理人丧失民事行为能力等原因均可能导致专利代理的终止"。

169．由于专利代理人的失误而给委托人带来经济损失应该怎么办？

答：在专利代理业务中，常会因专利代理人的工作失误，而使委托人的经济利益受到损害。例如，因专利代理人的不称职，而使申请人的专利申请被视为撤回或者专利权被视为放弃，因而专利权终止等。这时，委托人应当首先要求专利代理机构采取有效措施挽救不应有的损失，同时要求专利代理机构赔偿损失。委托人可以直接向人民法院提起诉讼。对专利代理机构和专利代理人的违法行为，委托人也可以要求有关部门根据《中华人民共和国专利代理条例》及有关规定进行处罚。

170. 专利申请技术交底书如何撰写？

答：申请人或发明人要对下述内容进行认真考虑，然后逐项详细填写，签字后交代理人审阅，代理人将以此交底书为依据撰写正式的专利说明书及权利要求书。内容如下：

（1）发明（或实用新型）的名称。简单明了地反映该发明的主题和类型，而且要与发明的技术范围相符，尽量表明发明对象的用途或者应用领域。不能使用非规范的技术语言和商标、代号、人名、地名等以及其他含义不清的词汇，也不能使用我们日常习惯使用的技术报告的名称和科技简报的用语。例如，"水平井钻井新技术"、"集输领域科技攻关新进展"等，字数一般限定在20字以内。名称一经确定，全部交底书中均要一致使用。

（2）所属技术领域。发明所属技术领域是指发明直接所属或直接应用的技术领域。例如"本发明是一种适于电视机使用的遥控器"、"本发明属于石油地质勘探钻机自动控制装置"、"本发明涉及低合金钢的热处理方法"等。

（3）背景技术。申请人所掌握的与本发明相关的同类背景技术状况（一般要以文献检索、资料为依据），对比发明做针对性地如实描述和评价，必要时借助附图加以说明。具体内容包括：简要说明其结构和原理、工艺过程及条件，实事求是地说明背景技术中存在的不足之处等。选好背景技术至关重要，它是发明的基础，关系判断发明的价值，所以切忌主观臆断，最好提供介绍背景技术的文献复印件，明确出处，以及公知公用情况。凡涉及现有设备的要注明生产厂家、牌号，涉及专利的要给出专利号，经过检索的要有检索报告。

（4）发明的目的。针对背景技术中存在的问题，正面明确地说明发明所要解决的技术问题，从而归纳出本发明的目的。切忌采用节省能源、提高质量、克服上述技术中的缺点等笼统提法。

（5）发明的内容。为实现上述目的，在本发明中采取的主要技术手段，要清楚、完整、准确地加以描述，要对发明的实质内容加以说明，公开的程度以所属技术领域的普通技术人员能够理解和实现该技术为准。例如，实用新型专利要描述发明是由哪些部件组成的，各部件间的位置关系和连接关系，其形状、构造有什么特征（注意不要涉及产品的使用方法）。如果是方法发明，要写清必要组分范围、生产的条件及工艺步骤。对区别于背景技术的不同点，要尽可能描述清楚，在描述每项技术手段时，应说明其在本发明中所起的作用，必要时应说明设计方案所依据的科学原理，以便代理人和审查员理解发明的实质内容。

（6）发明的效果。与发明的目的、手段相对应，将发明与背景技术相比具有的优点、特点和本发明所能达到的积极效果（最好有具体数据），具体地、实事求是地进行描述。

（7）附图及附图的简单说明。发明人可提供描述本发明的必要的附图（电路图、结构图、框图及流程图等），用来帮助说明发明的内容。实用新型专利应至少包括一幅附图。附图应能清楚地体现发明内容，主要部件应顺序编号。在附图说明中要注明各视图的名称，图中标号所指示的零件、部件、部位名称，同一部件在不同视图中应用同一标号。

交底书中未提及的附图标号，图中不应出现，交底书中提及的零部件，图中均应加以标注。各种图要使用黑色墨笔画（不要用铅笔画），图幅 A4 幅面大小，图的大小及清晰度应保证在该图缩小到三分之二时仍能清楚地分辨出图中各个细节。可采用多种绘图方式，最好按制图标准制作，附图可不按比例，图中不要出现汉字(必要时要打印)、尺寸线、尺寸。涉及电路的一定要有方框图或电路图。

（8）实施例。列举实现发明内容的实例，即各具体技术方案的构成、最佳设计。可结合附图说明发明的组分、流程、形状、构造,为了使发明更容易理解,必要时可说明功能、动态构造和使用方法(但不要写成使用说明书)等。对方法发明,工艺条件可以用不同的参数选择表示不同的实施方案;对产品发明,不同的实施方案是指几种具有同一构思的具体结构、配方和组分。必要时可列举多个实施例,每个实施例都必须与整体技术方案的目的和效果相一致。写好实施例,可增加该发明的可实施性,提高发明的分量。

(9)权利要求书。权利要求书应以说明书内容为依据,说明发明的技术特征,清楚、简要地写明要求专利保护的范围。它是确定专利权保护范围的法律文件,直接影响申请人的利益和专利权的审批,也是专利权授予后判定侵权的依据,申请人仅是撰写出初步意见,代理人还要做认真修改。

171. 企业科技研发人员能否自己撰写专利文件?

答:完全可以。需要进行必要的培训工作,系统地学习有关基础知识,在老师的指导下,结合自己的工作实际,撰写简单的文件。培训时间大约需要1~2个月。

172. 全国专利代理违规行为举报投诉热线是什么?

答:全国各地(除青海省、西藏自治区)举报投诉热线"12330"。

青海省举报投诉热线:0971-6317332。

中华全国专利代理人协会举报投诉热线:010-58572665。

六、专利权保护

173. 专利权人享受什么权利？

答：根据《中华人民共和国专利法》第十一条的规定，"发明和实用新型专利权被授予后，除本法另有规定的除外，任何单位和任何个人未经专利权人许可，都不得实施其专利，即不得为生产经营目的制造、使用、许诺销售、销售、进口其专利产品或者使用其专利方法，以及使用、许诺销售、销售、进口依照该专利方法直接获得的产品。外观设计专利权被授予后，任何单位或个人未经专利权人许可，都不得实施其专利，即不得为生产经营目的制造、使用、许诺销售、销售、进口其外观设计专利产品。"

根据《中华人民共和国专利法》第十二条的规定，"任何单位或者个人实施他人专利的，应当与专利权人订立书面实施许可合同，向专利权人支付专利使用费。被许可人无权允许合同规定以外的任何单位或者个人实施该专利。"

根据《中华人民共和国专利法》第十五条的规定，"专利权人有权在其专利产品或者该产品的包装上标明专利标记和专利号。"

174. 涉及专利的纠纷有哪些？

答：根据《中华人民共和国专利法》及其实施细则等有关规定，涉及专利的纠纷有下列几种：

（1）关于是否应当授予发明创造专利权的纠纷。国家知识产权局对发明创造的专利申请进行初步审查或实质审查时，认为不符合我国专利法有关规定的，即做出驳回专利申请的决定。申请人对驳回决定不服的，可以向国家知识产权局复审委员会请求复审。

（2）关于撤销或维持专利权的纠纷。

（3）关于实施强制许可的纠纷。

（4）关于实施强制许可使用费的纠纷。

（5）关于发明专利申请公布后，专利权授予前，实施发明的费用纠纷。

（6）关于专利侵权的纠纷。

（7）关于转让专利申请权或专利权的合同纠纷。

（8）关于专利申请权纠纷和专利权属纠纷。专利申请权的纠纷包括：关于是职务还是非职务发明创造的纠纷；关于谁是发明创造的发明人或设计人的纠纷；关于协作完成或者接受委托完成的发明创造谁有权申请专利的纠纷。

六、专利权保护

175．专利权保护与软件著作权保护有什么区别？

答：两者在以下五个方面有区别。

（1）保护对象不同。

著作权所保护的并非是作品的思想内容，而是表达该思想内容的具体形式。专利法所保护的是具有新颖性、创造性、实用性的发明创造，它抛开表达形式而直接深入技术方案本身。

根据《中华人民共和国著作权法》第二条第一款规定："中国公民、法人或者其他组织的作品，不论是否发表，依照本法享有著作权。"可见，著作权法保护的对象是作品，而不是作品的思想内容。从某种意义上说，著作权法保护了一种作品的表达方式，不能限制另一作品用不同的表达方式表现同一思想内容。也就是说，著作权人只具有包含某种思想的表达方式而不是占有某种思想的专有权。另外，著作权并不要求所保护的作品是首创的，仅仅要求它是独创的。表达同一内容的作品，甚至几乎一样的作品，作者只要能证明各自都是独创的，就都具有著作权。所以，首创作品的著作权人没有禁止他人创作的权利。

例如，某人用一种计算机语言开发了一套应用软件。他人可以根据其软件实现的功能另外开发一套内容相同的软件，即使使用的是相同的计算机语言，只要是独立开发的就合法。

（2）权利产生程序不同。

绝大多数国家的著作权都是伴随作品的完成而自动产生，无须履行任何登记注册手续。专利权的产生则需要专利机关审查授权。

（3）保护条件不同。

著作权并不要求保护的作品是首创的，而只要求它是独创的。因此表达同一内容的作品，只要能证明各自都是独创的，都具有著作权。而对于同一内容的发明创造，专利权只授予先申请的人。

（4）创造的标准不同。

著作权的独创性强调作品创作的独立性，即使与他人的作品相类似，只要不是抄袭，仍受著作权法的保护。而专利权的新颖性要求发明创造必须是前所未有的，创造性要求发明创造同申请日前已有的技术相比有突出的实质性特点和显著的进步。

（5）保护的力度不同。

著作权人只在相同的表达形式、有限的范围内享有专有权。而专利权的排他权利是绝对的，权利是唯一的，无论他人是善意或恶意的取得都是侵权。

由上可知，计算机软件的著作权保护不能延及开发软件所用的思想、处理过程、操作方法或者数学概念等。而计算机软件的专利保护，可以对计算机程序的创意（即原理、算法、处理过程和运行方法）进行保护，其效果更好。

同样，科研成果是一个技术方案，包含了大量的技术信息，是一套从原理到实际操作的完整构思，是理论与技巧结合的产物。科研成果的表达方式可以通过论文、计算机软件、产品、工艺、处理过程、操作方法、现场实施等方式表现出来。全面保护研发中的知识产权，特别是希望取得市场的垄断权和排他权时，仅采用著作权的保护是远不能达到目的的。

176. 假冒他人专利与冒充专利的区别是什么？

答：根据《中华人民共和国专利法实施细则》第八十四条的规定，下述行为属于假冒他人专利的行为：

（1）未经许可，在其制造或者销售的产品、产品的包装上标注他人的专利号。

（2）未经许可，在广告或者其他宣传材料中使用他人的专利号，使人将所涉及的技术误认为是他人的专利技术。

（3）未经许可，在合同中使用他人的专利号，使人将合同涉及的技术误认为是他人的专利技术。

（4）伪造或者变造他人的专利证书、专利文件或者专利申请文件。

根据《中华人民共和国专利法实施细则》第八十五条规定，"冒充专利行为是指任何单位或者个人为生产经营目的，将非专利产品冒充专利产品或者将非专利方法冒充专利方法的行为"包括下列各项：

（1）制造或者销售标有专利标记的非专利产品。

（2）专利权被宣告无效后，继续在制造或者销售的产品上标注专利标记。

（3）在广告或者其他宣传材料中将非专利技术称为专利技术。

（4）在合同中将非专利技术称为专利技术。

（5）伪造或者变造专利证书、专利文件或者专利申请文件。

专利权届满或者终止后，继续销售专利权期限届满或者终止前合法制造的标有专利标记的产品的，不属于冒充专利行为。

根据《中华人民共和国专利法》第五十八条规定，"假冒他人专利的，除依法承担民事责任外，由管理专利工作的部门责令改正并予公告，没收违法所得，可以并处违法所得三倍以下的罚款。没有违法所得的，可以处五万元以下的罚款。构成犯罪的，依法追究刑事责任。"

根据《中华人民共和国专利法》第五十九条规定，"以非专利产品冒充专利产品、以非专利方法冒充专利方法的，由管理专利工作的部门责令改正并予公告，可以处五万元以下的罚款。"

177. 在专利申请日以后，专利申请公开（公告）前制造相同的产品是否侵权？

答：在专利申请日以后至专利申请公开（公告）前，他人制造与专利申请相同的产品不属于侵权。因为在这个阶段，专利申请人仅仅是提出了专利申请，申请尚未公开（公告），是否可以得到专利权还要经过国家知识产权局一系列的审查后才能确定。这时，专利申请人不具有专利权人的属性，所以无权禁止他人生产与其专利申请相同的产品，也无权对他人的行为提出侵权诉讼。同时，在这段时间内，专利申请是处于保密阶段的，他人亦不知道该产品已申请了专利，所以在该专利申请公开（公告）之前，他人生产了相同的产品也不负有任何侵权责任。

178. 由于疏忽专利保护，损失最大的技术是什么？

答：是 DNA 技术。DNA，中文译名为脱氧核糖核酸，是染色体的主要化学成分，同时也是基因组成的，有时被称为"遗传微粒"。

1974年,美国拜耳公司发明了DNA技术,由于开发人员缺乏知识产权意识,疏忽专利保护,在公开场合披露了该技术信息,丧失了申请专利的资格。经过保守计算分析,损失至少150亿美元。

179．人民法院受理哪些专利纠纷的案件？

答：根据2001年6月19日由我国最高人民法院审判委员会第1180次会议通过的《最高人民法院关于审理专利纠纷案件适用法律问题的若干规定》规定,人民法院受理下列专利纠纷案件：

（1）专利申请权纠纷案件。

（2）专利权权属纠纷案件。

（3）专利权、专利申请权转让合同纠纷案件。

（4）侵犯专利权纠纷案件。

（5）假冒他人专利纠纷案件。

（6）发明专利申请公布后、专利权授予前使用费纠纷案件。

（7）职务发明创造发明人、设计人奖励、报酬纠纷案件。

（8）诉前申请停止侵权、财产保全案件。

（9）发明人、设计人资格纠纷案件。

（10）不服专利复审委员会维持驳回申请复审决定

案件。

（11）不服专利复审委员会专利权无效宣告请求决定案件。

（12）不服国务院专利行政部门实施强制许可决定案件。

（13）不服国务院专利行政部门实施强制许可使用费裁决案件。

（14）不服国务院专利行政部门行政复议决定案件。

（15）不服管理专利工作的部门行政决定案件。

（16）其他专利纠纷案件。

该规定自 2001 年 7 月 1 日起施行。

180．专利管理机关可以处理哪些专利纠纷？

答：专利管理机关是国务院各部委和地方人民政府根据《中华人民共和国专利法》的规定，"在本部门、本地区设立的管理专利工作的行政部门"。根据《中华人民共和国专利法》和实施细则的规定，专利管理机关可以处理的专利纠纷包括：

（1）专利侵权纠纷。

（2）有关发明专利申请公布后，专利权授予前，他人实施发明的费用纠纷。

（3）专利申请权和专利权归属纠纷。

（4）关于对职务发明人奖励和报酬的纠纷。

专利管理机关对上述纠纷所作出的处理决定,当事人不服的,可以向专利管理机关所在地的中级人民法院起诉,当该法院对专利案件无管辖权时,当事人可以向专利管理机关所属省、自治区、直辖市人民政府所在地的中级人民法院起诉。双方当事人在规定的期限内没有向人民法院起诉的,专利管理机关的处理决定即发生法律效力。专利管理机关对侵权行为做出的处理决定,当事人期满不起诉,又不履行的,专利管理机关可以请求人民法院强制执行。

181. 专利的使用权转让和所有权转让区别是什么?

答:专利的使用权的转让即专利实施许可合同,它是指专利权人作为许可方许可被许可方在约定的范围内实施其所有或者持有的专利技术,被许可方按照约定支付使用费的合同。

专利的所有权的转让,是指专利权人作为转让方,将其发明创造专利的所有权或者持有权转移给受让方,受让方支付约定的价款。

这两种转让合同的区别在于,后者是以专利所有权的转移为目的的,而前者是以转让技术使用权为目的的,所以也可理解为专利技术使用权的转让合同,转让人并不因专利技术使用权的转让而丧失专利所有权。

182. 转让合同自签字之日到国家知识产权局公告之日期间是否生效？

答：根据《中华人民共和国专利法》中规定，"专利申请权和专利权可以转让。同时规定了转让专利申请权或者专利权的，当事人必须订立书面合同，经国家知识产权局登记和公告后生效。"

在实际操作中，转让合同从双方签字到国家知识产权局登记和公告之间有一段时间，那么在这段时间内产生的法律问题应该如何处理，这就涉及转让合同是否生效的问题。根据《中华人民共和国合同法》的规定，"合同自双方签字之日起生效。但由于专利申请本身的特点，专利申请或者专利权的转让应当经过国家知识产权局的登记、公告，以使公众了解该项专利权主体变更的法律状态。转让合同双方签字根据合同法虽然已经生效，但由于尚未公告，所以转让合同的效力不能对抗第三人，即受让人（新专利权人）暂不能以专利权人的身份行使专利权人的权利，如不能许可他人实施、不能阻止他人侵权等。只有经国家知识产权局登记、公告后，该转让合同才具有对抗第三人的效力，才是完全生效。而在此之前，该转让合同仅在当事人之间生效，因此可以说是部分生效。"

七、技术秘密及专利诉讼

183. 为什么我国专利纠纷和专利诉讼越来越多？

答：据国家知识产权局官网，2016年，全国知识产权系统深入贯彻落实党中央、国务院关于严格知识产权保护的决策部署，完善政策措施，创新执法机制，强化打击侵权假冒的执法办案力度，积极适应权利人与创新主体维权需要，进一步增强了社会各界对专利保护的信心，取得显著成效。

一是打击专利侵权假冒办案力度持续加大。2016年，专利行政执法办案总量48916件，同比增长36.5%。其中，专利纠纷案件首次突破20000件，达到20859件（其中专利侵权纠纷20351件），同比增长42.8%；假冒专利案件28057件，同比增长32.1%。

二是各地区执法办案普遍加强。全国31个省（区、市）中，2016年执法办案量超过千件的有12个省，分别是浙江、江苏、广东、湖南、山东、贵州、湖北、河南、福建、四川、安徽和河北；2016年执法办案量同比2015年增长的有29个省。从区域划分来看，华东、华中地区执法办案量最多,西南、东北地区增长最快。从专利侵权纠纷办案量来看,全国20个省(区、市)案件量超过100件,其中浙江、广东和江苏专利侵权纠纷办案量超过了1000件;专利侵权纠纷办案量同比增长超过100%的有9个,分别是辽宁、湖北、安徽、河南、四川、湖南、河北、海南和宁夏。

三是执法办案结构进一步优化。2016年专利纠纷办案量与假冒专利办案量的比例约为1∶1.35,相对于2015年的1∶1.45,2014年的1∶1.98和2013年的1∶2.21进一步优化,办理难度较大的专利纠纷案件占案件总量的比重逐年增加,全系统办案能力进一步提升。

四是执法办案效率不断提高。2016年各类专利案件结案率97.5%(本年立案且结案的案件量与本年立案量的比值),同比提高4.3个百分点;其中专利侵权纠纷案件结案率94.4%,同比提高0.8个百分点,执法办案效率进一步提高。

五是重点领域执法办案力度显著提升。2016年电子商务领域专利执法办案量13123件,同比增长71.4%;展会专利执法办案量2860件,同比增长2.4%。电子商务与展会专利执法办案量占案件总量的32.7%。

这些数字的上升,最根本的原因是知识产权已经是我国社会生活的一个重要组成部分,也是不可缺少的一个部分。围绕这个领域的纠纷和诉讼越来越多的现象是正常的。

184. 知识产权领域的侵权能否"以罚代刑"?

答:随着市场经济和科学技术的发展,与企业的无形资产保护意识不断增强相对应的是,知识产权侵权案件数量日益增多,案件性质越来越严重,造成的损失也愈发重大。更为引人注意的是,有些案件由于侵权人行为性质恶劣,给权利人造成的损失重大,其性质不仅仅是单纯的民事侵权纠纷,而是已经触犯我国刑法,构成犯罪。

在处理这些案件的过程中,有些知识产权的权利人和行政执法人员对是否将案件移送司法机关进行刑事处理辨识不清,把握不准,甚至出现了"以罚代刑"的错误做法。

如果行政执法人员明知侵权人的违法行为构成犯罪,应当追究刑事责任,仍然拒不向司法机关移送,而以行政处罚代替刑事处罚,进行降格处理,这种行为则可能构成《中华人民共和国刑法》第402条规定的徇私舞弊不移交刑事案件罪。

对于权利人来说,如果发现他人未经许可使用自己的商标、专利、作品或商业秘密信息,则首先应当对涉嫌侵权人的实际使用情况进行仔细地甄别，判断是否与自己的权利客体相同或近似，并聘请律师或其他专业人士根据相关的法律规定初步判定是否构成侵权。如有必要，需要进行一定的检索或者技术鉴定。如果权利人认为侵权人的行为确已构成侵权，则可以向相关的行政管理机关举报要求查办，也可以直接向法院提起民事诉讼。侵权人的行为性质恶劣已经构成刑事犯罪的，权利人不应当进行私下交易以息事宁人，而是应当要求公安机关进行立案侦查，按照刑事诉讼法的规定进行正当处理。

185. 专利权人发现他人侵犯其专利权应当怎么做？

答：专利侵权纠纷是专利纠纷中数量最多、案情最复杂的一种情况。专利权人如果发现他人未经许可，生产和销售自己的专利产品，或者采用自己的专利方法制造相同或相似的产品及销售依照自己的专利方法直接获得的产品，可以向专利行政管理部门请求调解，或向人民法院提起诉讼。

专利权人要认真分析和研究被控侵权产品或方法的技术方案是否落在专利权利要求的保护范围内，这是专利侵权案件判定的关键。在做出基本的判别后，专利权人可以自行也可以委托专利代理机构或律师事务所发函对侵权人进行警告。实用新型、外观设计专利授权前，以及发明专利公开前，申请人不能起诉侵权，也不能发出警告信。发明专利公开后、授权前，申请人只能要求其支付使用费，只有在授权后才能提起侵权诉讼。

在专利侵权诉讼中，被告往往会立即向专利复审委员会提交对该项专利的无效宣告请求，以打击专利权人的起诉基础。在这种情况下，如果权利人的专利为发明专利，侵权诉讼一般会继续进行审理。如果权利人的专利为实用新型或外观设计，则通常法院会依被告的申请中止诉讼程序，等待无效宣告请求的结果而恢复审理。若经审查无效宣告成立，则原告的指控不攻自灭。

专利权人对自己的实用新型专利的创造性和新颖性不甚了解时，可以在授权后请求专利局做出实用新型的检索报告，并在提起诉讼时作为证据向法院提交，为案件的审理打好基础。

186. 发明、实用新型专利侵权判定的一般程序是什么？

答：专利侵权判定的前提和基础是确定专利权保护范围，权利要求中的每一个技术特征都是对保护范围的限定。首先，在确定专利的全部技术特征后，需要确定被控侵权产品或方法的技术内容。然后，将专利权利要求中记载的技术方案的全部技术特征与被控侵权物的全部技术特征逐一进行对应比较，判断被控侵权物是否与专利权利要求中记载的技术方案的必要技术特征一一对应并且相同。

如果被控侵权物没有全部包含专利权利要求中记载的技术方案的必要技术特征，则一般判断为不侵权。

如果被控侵权物中的某个技术特征或某些技术特征与专利的权利要求中记载的技术特征不相同或不完全相同，则需要分析是否适用等同原则进行判断。

187. 发明、实用新型专利侵权判定实务中有哪些基本判定原则？

答：一般来说，发明、实用新型专利侵权判定的过程中，主要需要适用全面覆盖原则、等同原则和禁止反悔原则。这些判定原则是专利行政管理机关及人民法院在多年的专利侵权判定实务中总结和提炼的，是目前发明、实用新型专利侵权判定中最基础和最常用的原则。

188. 全面覆盖原则在发明、实用新型专利侵权判定中如何应用？

答：全面覆盖是指被控侵权物（产品或方法）将专利权利要求中记载的技术方案的必要技术特征全部再现，被控侵权物（产品或方法）与专利独立权利要求中记载的全部必要技术特征一一对应并且相同。全面覆盖原则（又称全部技术特征覆盖原则或字面侵权原则）。如果被控侵权物（产品或方法）的技术特征包含了专利权利要求中记载的全部必要技术特征，则落入专利权的保护范围。

当专利独立权利要求中记载的必要技术特征采用的是上位概念特征，而被控侵权物（产品或方法）采用的是相应的下位概念特征时，则被控侵权物（产品或方法）落入专利权的保护范围。

189. 什么是间接侵犯专利权行为？

答：间接侵权，是指行为人实施的行为并不构成直接侵犯他人专利权，但却故意诱导、怂恿、教唆别人实施他人专利，发生直接的侵权行为，行为人在主观上有诱导或唆使别人侵犯他人专利权的故意，客观上为别人直接侵权行为的发生提供了必要的条件。

间接侵权的对象仅限于专用品，而非共用品。这里的专用品是指仅可用于实施他人产品的关键部件，或者方法专利的中间产品，构成实施他人专利技术（产品或方法）的一部分，并无其他用途。对于一项产品专利而言，间接侵权是提供、出售或者进口用于制造该专利产品的原料或者零部件；对一项方法专利而言，间接侵权是提供、出售或者进口用于该专利方法的材料、器件或者专用设备。

190. 在专利侵权诉讼中，专利侵权抗辩事由都有哪些？

答：在发明或实用新型专利侵权诉讼中，如果被控侵权物（产品或方法）与专利独立权利要求中记载的全部必要技术特征一一对应并且相同，或者在外观设计专利侵权诉讼中，被控侵权产品与外观设计专利产品构成相同或者相近似，也并不表示被告必然构成侵犯专利权。审判机关还要考察被告是否具有符合法律规定的抗辩事由，这些事由一般包括滥用专利权抗辩、不侵权抗辩、不视为侵权的抗辩、已有技术抗辩、合同抗辩及诉讼时效抗辩。

191. 在处理专利侵权纠纷时，怎样计算损失赔偿的金额？

答：根据《中华人民共和国专利法》规定，专利行政管理部门或人民法院在处理专利侵权纠纷的过程中，有权裁判侵权人承担赔偿损失的民事责任。对于专利侵权纠纷中损失赔偿具体数额的计算方式，根据相关的司法解释及惯例，通常有以下四种：

（1）以专利权人因侵权行为受到的实际经济损失作为损失赔偿额。一般来讲，以权利人专利产品销售量的减少总数与每件专利产品的可获利润的乘积，作为权利人的实际损失额。

（2）以侵权人因侵权行为获得的全部利润作为损失

赔偿额。通常是用侵权人每件侵权产品所获利润与侵权产品的销售总数相乘,计算出侵权利润。这种方法通常需要确切掌握侵权人的财务账目情况,并准确界定哪些利润系侵权产品所获。因此,法院一般会对侵权人的账目进行审计。

(3)以不低于专利许可使用费的合理数额作为损失赔偿额。这种情况一般适用于专利权人已经许可他人使用专利的情形。

(4)定额赔偿方法。由人民法院根据被侵害的专利的经济价值、侵权持续的时间、专利权人因侵权所受到的影响程度等因素,在个案中行使自由裁量权确定。

192. 侵害商业秘密的不正当竞争行为的构成条件有哪些?

答:根据《中华人民共和国反不正当竞争法》第十条的规定,"构成侵犯商业秘密的不正当竞争行为"需要满足以下构成要件:

第一,权利人享有受法律保护的商业秘密,包括技术秘密信息和经营秘密信息,这些信息必须不为公众所知悉、具有实用性及被权利人采取了合理的保密措施。

第二,侵权人实施了以盗窃、利诱、胁迫或者其他不正当手段获取权利人的商业秘密;披露、使用或者允许他人使用以前项手段获取的权利人的商业秘密;

七、技术秘密及专利诉讼

违反约定或者违反权利人有关保守商业秘密的要求,披露、使用或者允许他人使用其所掌握的商业秘密的行为。

第三,侵权人的行为给权利人带来了经济损失。

第三人明知或者应知前款所列违法行为,获取、使用或者披露他人的商业秘密,视为侵犯商业秘密。

193．侵害商业秘密犯罪是指哪些具体情节？

答：根据《中华人民共和国刑法》的规定,"侵犯商业秘密行为,给商业秘密的权利人造成重大损失的,处三年以下有期徒刑或者拘役,并处或者单处罚金；造成特别严重后果的,处三年以上七年以下有期徒刑,并处罚金。"包括下列侵犯商业秘密的行为：

(1) 以盗窃、利诱、胁迫或者其他不正当手段获取权利人的商业秘密的。

(2) 披露、使用或者允许他人使用以前项手段获取的权利人的商业秘密的。

(3) 违反约定或者违反权利人有关保守商业秘密的要求,披露、使用或者允许他人使用其所掌握的商业秘密的。

明知或者应知前款所列行为,获取、使用或者披露他人的商业秘密的,以侵犯商业秘密论。

根据《关于办理侵犯知识产权刑事案件具体应用法

律若干问题的解释》第七条规定,"给商业秘密的权利人造成损失数额在五十万元以上的,属于刑法第二百一十九条规定的给商业秘密的权利人造成重大损失,应当以侵犯商业秘密罪判处三年以下有期徒刑或者拘役,并处或者单处罚金。给商业秘密的权利人造成损失数额在二百五十万元以上的,属于刑法第二百一十九条规定的造成特别严重后果,应当以侵犯商业秘密罪判处三年以上七年以下有期徒刑,并处罚金。"

由此,如果权利人认为他人以不正当手段获取了其商业秘密,并且造成五十万元以上的经济损失,则可以向公安机关报案。

194. 企业如何聘请维护知识产权权益的顾问?

答:一般来说,知识产权法律顾问的专业服务包括指导企业依照国家知识产权相关法律规定做出经营决策,解答企业涉及知识产权的各类法律咨询,参加有关技术投融资及无形资产合作、转让的商业谈判,分析评价技术项目可能存在的风险并制定应对策略,审查企业的商事合同涉及的知识产权问题,协助企业建立和完善有关知识产权经营管理的内部规章制度等。

目前,知识产权领域已经成为企业之间竞争角逐的另一战场。因此,聘请知识产权方面的法律顾问,对于企业的正常生产经营，特别是对企业知识产权的有效管理和切实保护至关重要。

企业在选聘知识产权法律顾问的时候，应当着重把握几个主要方面。首先，由于知识产权法律业务领域的专业性较强，知识产权问题相对比较复杂。因此，企业应当注意选择那些具有丰富知识产权法律实务经验的律师事务所或者专业顾问公司。通常来说，这些机构都曾经多次办理知识产权代理、调查、投资、谈判和诉讼业务，熟悉各类事务的办理流程，在未来的服务过程中可以更为准确及时地为企业处理知识产权问题。其次，我国知识产权法律发展正处于起步阶段，随着国际经济一体化进展的加快，知识产权领域的新现象、新问题层出不穷，这便需要知识产权法律服务从业人员具有敏锐的洞察力和精准的分析力，以最快的速度预见并解决企业遇到的知识产权问题。因此，企业在选聘顾问的时候，应当优先考虑那些学术水准优异，研究能力较强的，与时俱进的团队。最后，企业需要考察律师事务所的整体规模、办公条件、管理水平、专业分工、客户群体、业绩情况等条件，并根据企业自身的实际需要和费用负担能力做出选择。

附件1

专利收费标准国内部分

金额单位：人民币元

一、申请费
（一）发明专利　　　　　　　　　　　　　　900
（二）实用新型专利　　　　　　　　　　　　500
（三）外观设计专利　　　　　　　　　　　　500

二、申请附加费
（一）权利要求附加费从第11项起每项加收　　150
（二）说明书附加费从第31页起每页加收　　　50
　　　从第301页起每页加收　　　　　　　　150

三、公告、公布印刷费　　　　　　　　　　50

四、优先权要求费（每项）　　　　　　　　80

五、发明专利申请实质审查费　　　　　　　2500

六、复审费
（一）发明专利　　　　　　　　　　　　　　1000
（二）实用新型专利　　　　　　　　　　　　300
（三）外观设计专利　　　　　　　　　　　　300

七、专利登记费

(一) 发明专利　　　　　　　　　　　　　200

(二) 实用新型专利　　　　　　　　　　　150

(三) 外观设计专利　　　　　　　　　　　150

八、年费

(一) 发明专利

1—3 年（每年）　　　　　　　　　　　　900

4—6 年（每年）　　　　　　　　　　　　1200

7—9 年（每年）　　　　　　　　　　　　2000

10—12 年（每年）　　　　　　　　　　　4000

13—15 年（每年）　　　　　　　　　　　6000

16—20 年（每年）　　　　　　　　　　　8000

(二) 实用新型专利、外观设计专利

1—3 年（每年）　　　　　　　　　　　　600

4—5 年（每年）　　　　　　　　　　　　900

6—8 年（每年）　　　　　　　　　　　　1200

9—10 年（每年）　　　　　　　　　　　 2000

九、年费滞纳

每超过规定的缴费时间 1 个月，加收当年全额年费的 5%

十、恢复权利请求费　　　　　　　　　　1000

十一、延长期限请求费

（一）第一次延长期限请求费（每月）　　300

（二）再次延长期限请求费（每月）　　2000

十二、著录事项变更费

（一）发明人、申请人、专利权人的变更　　200

（二）专利代理机构、代理人委托关系的变更　50

十三、专利权评价报告请求费

（一）实用新型专利　　2400

（二）外观设计专利　　2400

十四、无效宣告请求费

（一）发明专利权　　3000

（二）实用新型专利权　　1500

（三）外观设计专利权　　1500

十五、专利文件副本证明费（每份）　　30

资料来源：中华人民共和国发民用工业与改革委员会网站

附件 2

PCT 专利申请收费标准

一、PCT 申请国际阶段部分

(一) 国家知识产权局代世界知识产权组织国际局收取的费用

国家知识产权局代世界知识产权组织国际局收取的费用（国际申请费、手续费），其收费标准和减缴规定参照《专利合作条约实施细则》执行，实际收费以国家知识产权局确定的国际申请日当月国家外汇管理局公布的汇率计算。

(二) 国家知识产权局收取的费用（金额单位：人民币元）

1. 传送费	500
2. 检索费	2100
附加检索费	2100
3. 优先权文件费	150
4. 初步审查费	1500
初步审查附加费	1500
5. 单一性异议费	200

6. 副本复制费（每页）　　　2

7. 后提交费　　　　　　　　200

8. 恢复权利请求费　　　　　1000

9. 滞纳金 按应交费用的 50% 计收，最低不少于传送费，最高不超过《专利合作条约实施细则》中国际申请费的 50%。

二、PCT 申请进入中国国家阶段部分（金额单位：人民币元）

（一）宽限费　　　　　　　1000

（二）译文改正费

初审阶段　　　　　　　　　300

实审阶段　　　　　　　　　1200

（三）单一性恢复费　　　　900

（四）优先权恢复费　　　　1000

注：由中国国家知识产权局作为受理局受理的 PCT 申请在进入国家阶段时免缴申请费及申请附加费；提出实质审查请求时，减缴 50% 的实质审查费。

由中国国家知识产权局做出国际检索报告或专利性国际初步报告的 PCT 申请，在进入国家阶段并提出实质审查请求时，免缴实质审查费。

由欧洲专利局、日本特许厅、瑞典专利局三个国际检索单位做出国际检索报告的 PCT 申请，在进入国家阶段并提出实质审查请求时,减缴 20% 的实质审查费。

PCT 申请进入中国国家阶段的其他收费标准依照国内部分执行。

资料来源:中华人民共和国发展与改革委员会网站

参考文献

[1] 齐敬思. 科技成果鉴定100问. 东营：石油大学出版社，1996.

[2] 齐敬思. 科技成果奖励100问. 东营：石油大学出版社，1998.

[3] 齐敬思. 科技成果评估. 北京：石油工业出版社，1999.

[4] 齐敬思. 需求方用电管理理论与实践（第二版）. 北京：石油工业出版社，2011.

[5] 齐敬思. 科学技术奖励工作知识问答（第二版）. 北京：石油工业出版社，2015.

[6] 齐敬思. 技术秘密及专利知识问答（第四版）. 北京：石油工业出版社，2015.

[7] 齐敬思. 科技成果鉴定与评估知识问答（第二版）. 北京：石油工业出版社，2016.

后　记

《技术秘密及专利知识问答》是我从事科技管理工作30多年的心得与体会，期望它能够延伸和扩展知识产权管理的思路，撰写并出版的目的是为了更好地服务于从事科技研发和管理的科技工作者。

《技术秘密及专利知识问答》第一版于2008年出版发行，2012年出版第二版，2013年出版第三版，2015年出版第四版，经8次印刷，发行量达19000多册。看到广大读者对我的作品有兴趣，我非常高兴，我的目的实现了。

本书在撰写和出版工作中，得到了多位领导、专家的关心与支持，在此深表谢意。

感谢原石油工业部部长王涛博士为本书题写书名；

感谢中国工程院院士李鹤林教授为本书撰写第五版序言。

感谢国务院参事、中国石油天然气集团公司原副总经理郑虎教授，中国石油天然气股份公司原副总裁、中国石油勘探开发研究院原院长沈平平教授，中国石油天然气集团公司原总经理助理、中国石油天然气股份公司原副总裁罗英俊教授,全国政协委员、国家知识产权局原局长田力普博士分别为本书撰写第一版、第二版、第三版、第四版序言。

感谢中国科学技术协会原副主席、党组副书记、书记处书记张勤博士,中国石油天然气集团公司原副总经理史训知教授,审阅、肯定本书并提出宝贵意见。

感谢王德民院士、戴金星院士、郭尚平院士、苏义脑院士、顾心怿院士等对本书的褒奖和对笔者的鼓励。

由于笔者水平能力所限,本书不可避免存在漏洞和不足,敬请领导、专家和各界朋友批评指正。

2017 年 4 月 15 日